Worku Mhiret

Manual de Laboratório de Princípios de Genética (Biol.3061)

Worku Mhiret

Manual de Laboratório de Princípios de Genética (Biol.3061)

ScienciaScripts

Imprint

Any brand names and product names mentioned in this book are subject to trademark, brand or patent protection and are trademarks or registered trademarks of their respective holders. The use of brand names, product names, common names, trade names, product descriptions etc. even without a particular marking in this work is in no way to be construed to mean that such names may be regarded as unrestricted in respect of trademark and brand protection legislation and could thus be used by anyone.

Cover image: www.ingimage.com

This book is a translation from the original published under ISBN 978-613-9-89695-0.

Publisher:
Sciencia Scripts
is a trademark of
Dodo Books Indian Ocean Ltd., member of the OmniScriptum S.R.L Publishing group
str. A.Russo 15, of. 61, Chisinau-2068, Republic of Moldova Europe
Printed at: see last page
ISBN: 978-620-4-02409-7

Dedicação

O trabalho é dedicado ao meu falecido avô, "Blata" Mhiret Meshesha. É o conselho dele aos meus pais, que me deu a oportunidade de frequentar a escola.

Agradecimentos

Gostaria de agradecer ao Dr. Gurja Belay (revisor externo) e ao Dr. Zewdu Teshome (revisor interno) que dedicaram seu precioso tempo para revisar e dar comentários valiosos para o aprimoramento do material. O Conselho da Unidade do Departamento de Biologia e o Conselho da Faculdade de Ciências Naturais e Computacionais também são reconhecidos por sua iniciação e permissão para preparar o manual. Embora o manual seja considerado excelente pelos revisores, os comentários de seus usuários e leitores teriam uma contribuição fundamental para melhorar ainda mais sua qualidade em diferentes aspectos. Portanto, os comentários e sugestões de seus leitores são bem-vindos. Caros leitores, vocês podem enviar seus comentários via mhiret3@gmail.com ou worku. negash@.uog.edu.et ou P.O.Box 920 Gondar, Ethiopia.

Tabela de Conteúdos

Capítulo 1.Prefácio

A genética é o estudo científico da hereditariedade: a transferência de informação biológica de uma geração para a seguinte. Assim, a genética é central para toda a biologia porque a hereditariedade é a base para a continuidade da vida. Os genes são também a fonte da variação hereditária que vemos à nossa volta e que alimenta a mudança evolutiva. Consequentemente, a genética fornece a chave para compreender tanto a continuidade das formas de vida de uma geração para a próxima como a variação que é a base da evolução e a diversidade da vida. Devido à natureza química dos mecanismos genéticos, o estudo da genética é experimental e não estritamente observacional, e baseia-se no uso de muitos conceitos abstratos. De fato, os genes não podem ser observados diretamente no mesmo sentido que um músculo ou órgão pode ser. Neste curso, os fundamentos experimentais da genética clássica serão enfatizados e o objetivo principal deste curso será desenvolver o conhecimento dos alunos sobre genética através da conclusão de uma série de exercícios laboratoriais usando princípios Mendelianos Clássicos melhorados por diferentes experimentos laboratoriais e ferramentas de análise estatística.

Introdução às Técnicas Biológicas e *Biologia Celular* como cursos independentes são módulos pré-requisitos importantes para o *Curso de Princípios de Genética*. É necessário inscrever-se simultaneamente para *Introdução às Técnicas Biológicas* (Biol. 1011) e *Biologia Celular* (Biol.1012) antes de fazer o Curso de Princípios de *Genética*. Consequentemente, presume-se que os alunos terão acesso que servirá para fornecer o conhecimento de base e a teoria sobre a maioria dos experimentos nos cursos de laboratório. Este manual fornecerá aos alunos tópicos introdutórios que irão melhorar ainda mais a sua compreensão dos conceitos e metodologias dos experimentos. Não é apenas no laboratório que se espera que os alunos aprendam todas as coisas dos *Princípios de Genética*, mas também durante a preparação e apresentação dos relatórios de laboratório com análises e conclusões sobre os resultados observados e registados em comparação com os factos teóricos.

Neste *Manual Laboratorial* serão enfatizadas as divisões celulares para demonstrar os princípios da herança Mendeliana; o cruzamento e estudo das probabilidades de obtenção de possíveis tipos de gameta e descendentes de um determinado cruzamento com condições genotípicas e fenotípicas parentais especificadas; o estudo de alelismo múltiplo e expressão codominante a partir de testes de tipo sanguíneo; o estudo de cromossomos especiais e mutação usando o organismo modelo, *Drosophila melanogaster; o* exercício de cariotipagem a partir de figuras cromossômicas modelo; e a genética populacional para alguns traços humanos observáveis.

O curso é oferecido aos alunos do último ano da graduação. Portanto, os alunos devem reconhecer ou lembrar que prestar atenção para fazer atividades experimentais são passos chave para fazer trabalhos de pesquisa complexos no futuro, pelo menos até o momento em que iniciarão seu próximo nível de estudos. Portanto, para estabelecer uma boa base para carreiras futuras ou para empreender esforços, os alunos que estão fazendo experiências relacionadas à genética, de fato em outras ciências, também precisam usar os seguintes pontos como diretriz para alcançar experiências bem sucedidas:

1. Formule uma hipótese ou faça uma pergunta muito específica e testável;
2. Adicionar um controle (um grupo que não recebe o tratamento experimental) no experimento ou teste para comparação;
3. Use um tamanho de amostra suficientemente grande para permitir conclusões definitivas;
4. Para compreender toda uma população, tire uma ***amostra aleatória*** dessa população para evitar o preconceito;
5. Replicar cada parte do experimento (pelo menos 3 vezes) para minimizar a variação ambiental;
6. Mantenha todas as variáveis constantes entre ensaios, exceto a variável que está sendo testada;
7. Recolher dados quantitativos sempre que possível;
8. Medir variáveis quantitativas usando unidades padrão internacional (IS);
9. Reúna dados com cuidado e precisão; e
10. Seja objetivo e honesto.

Objectivos de aprendizagem

Após a conclusão satisfatória deste curso, os alunos terão adquirido uma compreensão geral das técnicas experimentais utilizadas pelos geneticistas para compreender os padrões de herança. Portanto, diferentes sessões de laboratório projetadas para complementar o curso ***"Princípios da Genética (Biol.3061)"*** irão:

* Capacitar os alunos a conhecer a mecânica da experimentação e os métodos e técnicas da genética experimental;
* Familiarizar os alunos com os princípios genéticos de primeira mão, à medida que eles vêem estes princípios a funcionar num ambiente experimental controlado;
* Apresentar aos alunos a genética clássica enquanto realizam experimentos com o organismo modelo *Drosophila;*
* Treinar os alunos para aprender e realizar experiências, coletar dados, analisar os dados, aprender a interpretar os dados e tirar conclusões a partir deles; e
* Proporcionar aos alunos oportunidades para desenvolverem habilidades de escrita.

Além desses objetivos gerais, serão feitas diferentes perguntas aos alunos para ampliar seus conhecimentos sobre os detalhes de cada um dos conceitos abordados em cada sessão e para aumentar sua capacidade de raciocínio para raciocínio lógico das questões conceituais.

Regras Académicas

Cada aluno é obrigado a frequentar e completar todos os laboratórios. Os alunos devem rever a agenda e informar o Assistente Técnico (TA) ou instrutor de qualquer conflito de datas ou circunstâncias antecipadas que possam levar à falta do laboratório para que as alternativas possam ser arranjadas com antecedência para a sessão de maquiagem do laboratório. Os alunos que perderem mais de duas sessões de laboratório ou relatórios sem ter razões justificáveis serão penalizados para obter *"*nota *incompleta*^ **(I)** para o curso". Se for difícil fornecer a cópia deste manual aos alunos, nem individualmente nem em grupo, os folhetos extraídos do manual que inclui os pontos centrais para uma sessão serão entregues aos alunos antes de uma sessão de laboratório. Espera-se que os alunos leiam e conheçam os detalhes do aspecto teórico da experiência planeada até à data, tanto do manual como dos materiais contemporâneos.

O AT e o instrutor estão na sala de laboratório e ao redor para: explicar o histórico, objetivo e metodologia do exercício laboratorial; facilitar a discussão sobre os resultados esperados e observados e a análise dos resultados enquanto os alunos estão conduzindo o laboratório. Se os alunos sentirem que os padrões de ensino descritos acima não estão sendo cumpridos, então os alunos devem informar o Chefe de Departamento ou o Coordenador, se designado imediatamente. Os alunos são encorajados a fazer perguntas ao TA e ao instrutor durante o laboratório, tempo de aula e horário de expediente ou via e-mail.

Todos os alunos são obrigados a fazer os exames. As datas dos exames devem ser fixadas pelo menos na data de conclusão da última sessão do laboratório. Ou a data do exame pode ser indicada no programa de estudos quando os programas de ensino-aprendizagem na nossa universidade estiverem bem organizados e começarem a trabalhar com base nas suas actividades académicas anuais planeadas. Se um aluno faltar ao exame, ele será fortemente penalizado, o que pode levar a ficar incompleto para o curso ou zero para o exame, ou seja, zero dos 25%. Cópia dos trabalhos dos outros e batota durante o exame são outros casos graves que levam a obter zero. Para decisões legais a Legislação da Universidade de Gondar será encaminhada caso a caso.

De acordo com a política do curso, o curso de laboratório cobrirá 25% do valor do curso. Os 25% de pontos para o trabalho de laboratório são derivados da frequência do laboratório, da elaboração e/ou apresentação de relatórios (15%) e do exame (10%). Os alunos devem escrever um relatório laboratorial detalhado sobre o experimento realizado na data e completar todos os exercícios laboratoriais como indicado antes de sair do laboratório. Espera-se que o relatório seja escrito à mão, em papel A4 acolchoado ou grampeado, seguindo o formato incluído neste manual. O relatório deve ser devolvido na sessão seguinte após ter sido marcado mas antes de iniciar a sessão para esse dia.

Regras de Segurança

De facto, antes de frequentarem estes cursos, os alunos que se juntam ao Departamento de Biologia devem ter experiência em microscopia no seu programa escolar preparatório. No entanto, os instrutores às vezes recebem alunos que nunca viram o microscópio e outros equipamentos de laboratório necessários. Isto pode implicar que os alunos não tenham tido qualquer exposição às regras e regulamentos de segurança do laboratório. Portanto, incluir regras e regulamentos de segurança laboratorial selecionados e muito importantes e comuns, pelo menos como lembrete em cada manual de laboratório, pode ajudar os alunos a se prepararem com segurança antes de começarem qualquer uma de suas atividades laboratoriais. Além disso, cada aluno deve assinar **um contrato de segurança** (Anexo 3). Algumas das "devem ser lembradas e seguidas as Regras de Segurança do Laboratório":

* Absolutamente nenhuma comida ou bebida no laboratório!!
* Mantendo o seu banco de laboratório e todo o laboratório arrumado.
* Sem mãos sujas - lave as mãos antes e depois de cada sessão de laboratório.
* Nada de chamas abertas desacompanhadas.
* Sem manuseio descuidado de etanol ou outros solventes inflamáveis.
* Sem cabelos compridos e soltos. No laboratório, amarre o cabelo comprido atrás.
* Sem mangas largas ou folgadas, casacos e cachecóis.
* Sem moda chique, sem jóias ou relógios nas mãos.
* Usa roupas que não te importas de sujar e/ou cheirar mal.
* O uso de bata de laboratório é aconselhável quando estão sendo usadas manchas/químicos. Mas tire a bata de laboratório quando sair do laboratório.
* Sem sandálias ou sapatos de ponta aberta. Usar calçado estável
* Não usar o telemóvel durante o laboratório.
* Não utilização de órgãos olfactivos ou palatabilizantes para identificar produtos químicos ou reagentes.
* É proibida a sucção bucal
* Usar luvas e óculos de proteção sempre que necessário
* Algumas das experiências em laboratório apresentam riscos potenciais com produtos químicos, eletricidade e/ou radiação de onda curta. Portanto, você precisa ter cuidado para qualquer possível acidente, lendo as etiquetas dos materiais. Alguns destes materiais estão descritos no Anexo 1.
* Vidro partido, lâminas de barbear usadas e outros objectos afiados devem ser eliminados em breve nos recipientes fornecidos.
* Sempre que ocorrerem cortes, acidentes, derrames, etc. no laboratório, informe imediatamente ao AT ou ao instrutor.
* Utilize exaustores de fumos e pontos locais de extracção de vácuo sempre que necessário.
* Os contatos macios de desgaste de granizo podem absorver permanentemente os vapores.

Se você não seguir alguma destas regras de segurança, a sua assistente técnica reserva-se o direito de deduzir pontos da sua nota e/ou obrigá-lo a deixar o laboratório. *Para obter informações detalhadas sobre símbolos e classes de segurança no local de trabalho, consulte o Anexo 1 e o "Manual de Segurança no Laboratório".*

Lab Report Format

Date _____________________

Lab session #: _____________________

Title of the experiment: ____

Objective/s: 1. ____

2. ____

3. ____

•

•

•

n. ____

Introduction/Principle:

____

____

____

____

____

____

____

____

____

____

____

____

Equipment and Materials

♣ ____

♣ ____

♣ ____

♣ ____

♣ ____

♣ ____

Procedure

- ❖
- ❖
- ❖
- ❖
- ❖
- ❖
- ❖
- ❖

Result/observation

Discussion

Answers to the question/s if any

1. ____

2. ____

3. ____

   .

   .

   .

n.

Conclusion

____

Sessão de laboratório #: Um

Título da experiência: Observação das Divisões Celulares -*Mitose*

Objectivo(s): 1. possibilitar aos alunos a preparação de lâmina   com células vegetais para observação microscópica; e

         2. Para permitir aos alunos distinguir os diferentes estágios ou fases da divisão celular.

Introdução

O crescimento e reprodução celular são meios de aumentar o tamanho e multiplicação dos organismos. Existem dois tipos de divisões celulares: mitose e meiose. A mitose é um meio de crescimento de organismos, substituição de células mortas e reprodução para organismos que se reproduzem assexualmente. Com excepção das células reprodutivas, todas as células que compõem o corpo de um organismo têm uma composição cromossómica idêntica. A continuidade genética é preservada pela replicação e distribuição igualitária dos materiais genéticos pelo processo conhecido como mitose. Como parte de sua atividade pré-laboral você deve saber o que é mitose, que parte da célula você deve observar e que material você precisa para fazer a observação correta na atividade. Como uma divisão das células ***somáticas,*** o processo de mitose divide-se numa série de quatro etapas mitóticas:

1. Profase - cromossomas em pares;
   a. Os cromossomas engrossam e encurtam
      -foi visível
      -2 cromatídeos unidos por um centômero
   b. Centrioles movem-se para os lados opostos do núcleo
   c. O Nucleolo desaparece
   d. A membrana nuclear desintegra-se
2. Metafase - os cromossomas encontram-se no *meio;*
   a. Os cromossomas organizam-se no **equador** da célula
   b. Fixar-se às **fibras do fuso** por **centromeres**
   c. Cromossomos **homólogos não se associam**
3. Anáfase - os cromossomas são separados ou afastados. São fibras de fuso que se contraem e puxam cromatídeos homólogos para os pólos opostos da célula.
4. Telophase - agora são dois.

a. Cromossomos desenrolar
b. As fibras do fuso desintegram-se
c. Centrioles replicar
d. Reformas da membrana nuclear
e. Divide-se a célula

*5. Interfase - Coisas interessantes acontecem
* Quando a célula se prepara para a divisão mitótica, está na fase muito ativa conhecida como interfase. Portanto, alguns geneticistas não consideram a interfase como uma fase ou parte da mitose.

Equipamentos e Materiais

1. Cebola *(Allium cepa* L.) planta com raízes recém-criadas
2. Mancha de Feulgen ou acetoforina
3. 1 N HCl
4. Mistura de álcool e ácido acético com proporção 3:1
5. Tesoura
6. Fórceps
7. Lâmina de barbear
8. Pipeta de pastagem
9. Tubos de 1,5 ml de microcentrífuga
10. Slides microscópicos e lâminas de cobertura
11. Banho de água
12. Termómetro que pode medir 60-100oC ou tanque de água com temperatura constante electrotérmica
13. Microscópio de luz
14. Dissecção de sonda de madeira ou lápis com extremidade plana

Procedimento

1. Pegue a planta da cebola com as raízes recém germinadas e corte duas pontas de raiz com uma tesoura e transfira-as para um tubo de ensaio. A ponta da raiz da cebola cresce rapidamente e, portanto, tem muitas células em diferentes estágios de mitose.
2. Adicione o fixador (mistura de álcool:ácido acético na proporção de 3:1) e mantenha-o durante 3-5 minutos, depois retire o fixador e lave-o com água.
3. Encher 2/3 do tubo com 1N HCl usando um conta-gotas.

4. Colocar o tubo em banho-maria a 60°C e incubar o tubo durante 12 a 15 minutos. No nosso laboratório há um banho de água com regulador de temperatura e ajuste-o a 60°C.
5. Retirar o tubo do banho-maria após a incubação.
6. Descarte o HCl do tubo usando uma pipeta de pasto para dentro da pia.
7. Adicione algumas gotas de água destilada no tubo e lave a raiz. Depois retire a água do tubo usando a pipeta de pastagem. (Enxagúe as raízes pelo menos três vezes).
8. Após a etapa de lavagem, adicionar 2-3 gotas de Feulgen ou acetoforina no tubo com a ponta da raiz e incubar as raízes durante 12-15 minutos. (Durante a incubação, a própria ponta da raiz começará a ficar vermelha, à medida que as numerosas pequenas células que dividem activamente o ADN na altura).
9. Após a incubação remover a mancha com uma pipeta de pasto.
10. Lavar novamente as pontas das raízes com água destilada. (Enxagúe as raízes pelo menos três vezes).
11. Transfira uma raiz do tubo para o centro da lâmina microscópica e adicione uma gota de água sobre ela.
12. Pegue numa lâmina de barbear e corte a maior parte da parte não manchada da raiz.
13. Cubra a ponta da raiz com um deslizamento de cobertura e depois empurre cuidadosamente para baixo na lâmina de cobertura com a extremidade de madeira de uma sonda de dissecação ou com a extremidade plana de um lápis. (Empurre com força, mas não torça ou empurre a lâmina de cobertura para o lado). A ponta da raiz deve espalhar-se até um diâmetro de cerca de 0,5- 1cm.
14. Observe a preparação sob um microscópio de luz composto em uma objetiva de 10x. Faça um scan e reduza para uma região contendo células divisoras e mude para 40x para uma melhor visualização.

Note: See Figure 1 below to take the right region of a root to get the best result from the preparation.

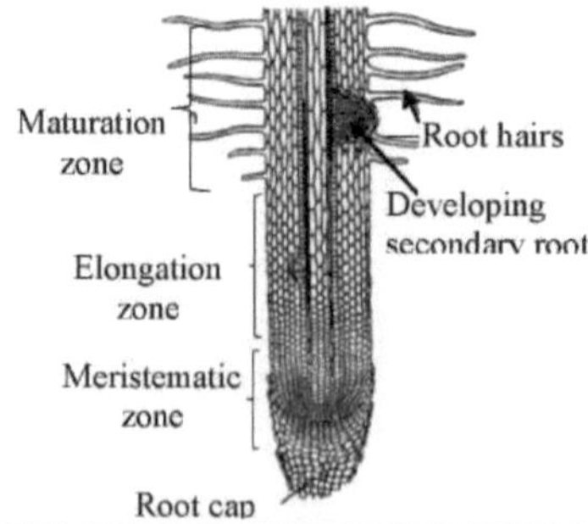

Figure 1. The different zones or regions of development from onion (*Allium cepa*) root tip

Resultado/observação

A partir da sua preparação e observação espera-se que você observe a maioria dos fenômenos descritos ou rotulados na Figura 2 abaixo:

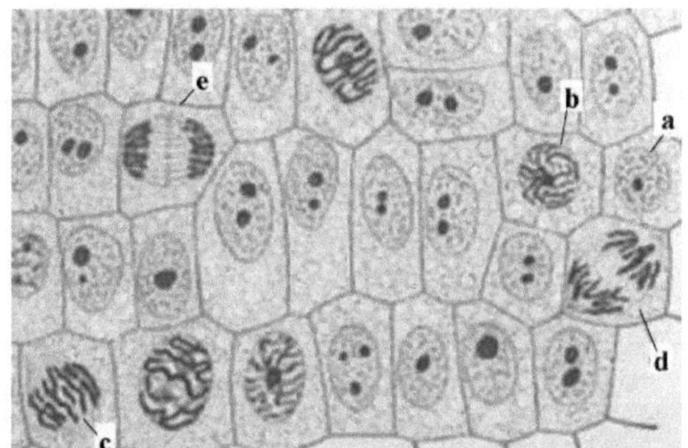

Figure 2. Model slide showing the different phases of mitosis from onion (*Allium cepa*) root tip

Tabela 1. Número de células contadas em cada fase de mitose e interfase

Phase	First area	Second area	Third area	Total # in each phase	Time in minutes
Interphase					
Prophase					
Metaphase					
Anaphase					
Telophase					
Time = $\frac{n}{N}x$ 720; n = # of cells in a phase, N = total # cells, and 720' (12hr) = time for 1 mitosis					

Perguntas

1. Que fases da divisão celular você observou? Desenhe as células que estão em divisão e mostre claramente uma fase.
2. Quantos cromossomas tem uma célula de cebola?
3. Que parte de uma raiz é importante para se obter ativamente células divididas para a sua experiência?
4. Que fase é mais comumente observada no seu slide por campo de visão?
5. Que tempo é necessário para completar o processo para uma divisão mitótica?

Sessão de laboratório #: Dois

Título da experiência: Observação da divisão meiótica a partir de células reprodutivas.

Data

Objectivo/s: 1. permitir aos alunos distinguir as diferentes etapas ou fases da *meiose* das lâminas preparadas de células vegetais e animais;

2. Para que os alunos possam preparar lâminas para observação microscópica do processo de meiose a partir do gafanhoto macho; e

3. Para que os alunos possam investigar o processo de meiose a partir do slide que preparam.

Introdução/Princípio

Neste laboratório você aprenderá sobre os princípios básicos da herança genética, examinando os conceitos de genes, produção de gameta por meiose. Quando os organismos vivos se reproduzem, os seus descendentes são muito parecidos com os seus pais. Então, qual é a base biológica para esta realidade óbvia? Provavelmente você já sabe pela discussão de sua classe que isso tem a ver com genes, genes que se herdam dos pais. No entanto o processo de passar genes de uma geração para outra é mais complexo do que pode parecer.

A forma mais simples de herança genética envolve a reprodução assexuada. Este é o caso quando um organismo monoparental passa os seus genes à prole que são basicamente clones do progenitor (ou seja, geneticamente, e na sua maioria, fisicamente idênticos). Embora este modo de reprodução seja bastante conveniente, ele tem uma falha extremamente significativa: não há diversidade genética! Então, como é produzida a diversidade genética? A resposta é a reprodução sexual: a produção de gâmetas (esperma e óvulos) por meiose seguida da fusão do esperma e do óvulo (fertilização) para formar um indivíduo novo e geneticamente único. Apesar de muito mais trabalho, a reprodução sexual essencialmente "embaralha" os genes de cada progenitor produzindo uma combinação única de genes parentais em cada descendência. Este é o tipo de herança genética baseada na reprodução sexual.

Através da reprodução sexual, cada descendência herda um conjunto completo de genes de cada progenitor. Quando você começa a trabalhar com problemas genéticos, você vai se concentrar inicialmente em um único gene de cada vez, e depois aprender a seguir a herança de mais de um gene. Concentrar-se em grandes números de genes seria bastante complicado. Antes de você começar a examinar herança genética através de problemas genéticos, você precisa entender o processo de produção de gameta por meiose; e o conceito de probabilidade.

Meiose e a Produção de Gâmetas

A reprodução sexual em espécies vegetais e animais diplóides requer a produção de gâmetas haplóides através do processo de meiose que é ilustrado abaixo:
1. Os organismos diplóides têm dois de cada tipo de cromossoma, um conjunto de cromossomas haplóides herdados da mãe e outro conjunto haplóide herdado do pai, e portanto dois alelos para cada gene, um alelo materno e um alelo paterno.
2. Os gametas haplóides (óvulos ou espermatozóides) produzidos pela meiose contêm um de cada tipo de cromossoma e, portanto, contêm apenas um alelo para cada gene.
3. É completamente aleatório qual cromossoma de um determinado tipo, materno ou paterno, acaba em um gameta produzido pela meiose.
4. Como um indivíduo tem apenas dois alelos para cada gene, há 50% de chance de que um alelo (materno ou paternal) acabe em um determinado gamete.

Os organismos progenitores diplóides produzem grandes quantidades de gâmetas haplóides, qualquer um dos quais pode fundir-se no momento da fertilização para produzir um zigoto diplóide, um novo indivíduo geneticamente único. É a combinação de alelos herdados de cada progenitor que determina o genótipo e fenótipo de cada nova descendência.

A. Observação da Meiose a partir de Slides Preparados

Uma célula diplóide sofre duas divisões durante a meiose, produzindo quatro células haplóides. Embora o grande número de cromossomas na maioria das células dificulte a observação, é possível identificar as principais fases da meiose. Nesta investigação, você examinará as células submetidas à meiose e documentará suas descobertas criando desenhos biológicos. Você irá examinar a formação de células sexuais masculinas em anteras de lírio; e em testículos de gafanhoto - o local de produção de espermatozóides ou outros slides preparados disponíveis. Os objectivos da observação das lâminas preparadas são identificar as diferentes fases do processo de meiose através da observação e desenhar diagramas biológicos para ajudar a explicar as principais fases do processo.

Equipamentos e Materiais

A. Para observar os slides preparados
   *   Lâminas preparadas (testículos de gafanhoto e/ou antera de lírio) ou microslides de meiose
   *   Microscópio

B. Para preparar e observar slides de testes de gafanhotos
   *   Gafanhoto macho adulto ou último instar*Orcein
   *   Kits de dissecação*HCl
   *   Clorofórmio ou éter*Carmina
   *   Salina de insectos (solução 0,21 MNaCl   )   *Lâminas de   vidro
   *   Ácido acético   glacial*Capa de vidro
   *   Etanol* Microscopia de   baixa a alta potência
   *   Acetona*   Bunsen ou queimador de álcool

Procedimento

A. Observação de slides preparados

1. Obtenha um microscópio e uma lâmina preparada de células de anteras lírio-lírio submetidas a meiose. Leve vários minutos para pesquisar cuidadosamente um grande número de células. Isto irá ajudá-lo a localizar as regiões onde a meiose é mais activa.
2. Usando a lente objetiva de alta potência, localizar um grupo de células que estão sofrendo de meiose (os cromossomos devem ser claramente visíveis). Uma vez identificado um grupo de células submetidas à meiose, use as imagens da Figura 3 para ajudá-lo a identificar as várias fases em que se encontram.
3. Desenhe uma ou mais células para cada fase meiótica claramente observada. Anote em que fase da meiose cada célula está e registre isso no seu desenho. Etiquete as estruturas em seus desenhos.
4. Obtenha uma lâmina preparada de testes de gafanhotos e repita os passos 1 a 3.
5. Localize uma região na lâmina com espermatozóides maduros (não submetidos à meiose).
6. Observe vários espermatozóides usando a lente objetiva de alta potência e desenhe suas observações.
7. Se o tempo permitir e houver acesso na sala de laboratório, use a internet para pesquisar imagens e animações de células submetidas à meiose. Você pode querer usar estas imagens como base para desenhos biológicos adicionais.

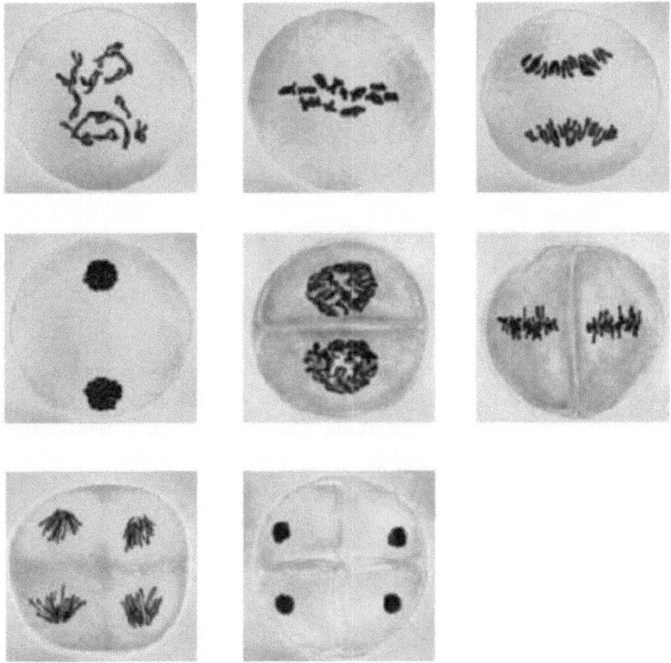

Figure 3. Model photomicrographs of plant cells in meiosis

B. Preparação de Slides e Observação de Meiose a partir de Testes de Gafanhoto

Os cromossomos dos gafanhotos apresentam uma série de vantagens aos estudos citológicos: são grandes e relativamente poucos em número 24/23; a gama de comprimentos cromossômicos no complemento é tal que cada bivalente formado na meiose pode geralmente ser identificado individualmente de acordo com seu comprimento; os quiasmatos são muito claros durante o diplóteno e a diacinesia, permitindo assim análises de sua estrutura, freqüência, distribuição e movimento; e muitas vezes a posição do centrômero é marcada por uma coloração relativamente mais densa no diplóteno precoce.

Coleta de Gafanhoto

Os machos jovens adultos ou de último instante para o estudo da meiose fornecem o melhor material para os testículos. Os machos e as fêmeas podem ser distinguidos pelas diferenças morfológicas especialmente na região do abdômen mostrada na Figura 4 e também pelo fato de os machos serem menores do que as fêmeas.

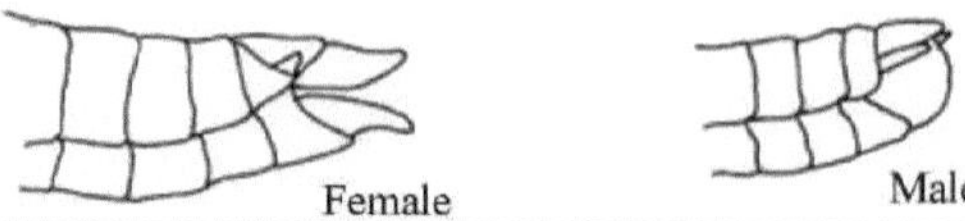

Figure 4: Comparison of the morphology of the abdomen of male and female grasshoppers.

Os gafanhotos podem ser apanhados à mão ou com a ajuda de uma pequena rede. No final de Outubro e nos arredores de Gondar os gafanhotos estão disponíveis desde o final de Outubro até ao final de Novembro, desde o final de Maio até ao início de Junho, altura em que a espermatogónia se está a dividir rapidamente.

Dissecação

Os insectos são cloroformados ou eterizados e depois dissecados em soro fisiológico. Os testículos estão em posição dorsal na metade anterior do abdómen e podem ser facilmente localizados fazendo um corte dorsal e longitudinal do seu abdómen. Podem ser identificados pelo tecido adiposo amarelo alaranjado que os cobre. Uma vez removidos com agulhas dissecantes (ainda na salina do insecto), cada testículo pode ser visto como sendo constituído por muitos folículos, como se pode ver na figura 5. Use o Anexo 4 para preparar soro

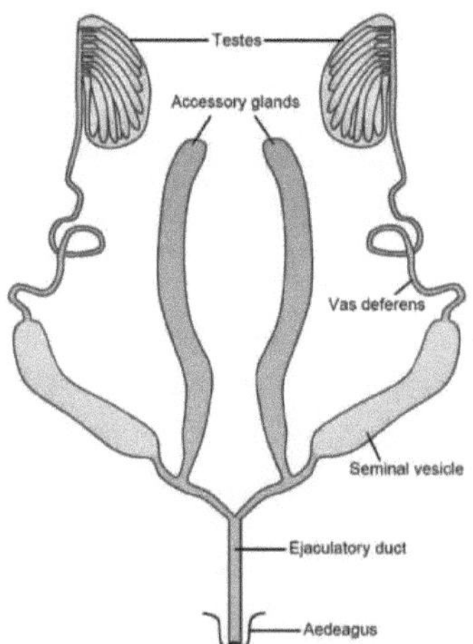

Figure 5: Reproductive structure of male grasshoppers

fisiológico, fixador e manchas.

Fixação

O melhor fixador para estes preparados é o álcool acético 1:3. O material do testículo é deixado no fixador durante pelo menos cinco minutos antes de ser realizado um dos procedimentos de coloração descritos abaixo. O material também pode ser armazenado antes de ser corado no fixador ou no transferindo-o para 70 % de álcool etílico após a fixação. Ele se manterá satisfatoriamente por pelo menos um ano à temperatura ambiente ou, de preferência, em um refrigerador.

Coloração

Uma das seguintes manchas pode ser usada
a. Acetic-orcein:
1. Colocar uma pequena gota (cerca de 5 mm. de diâmetro) da mancha no meio de uma lâmina limpa.
2. Tirar três ou quatro folículos de testículo do fixador (ou álcool), drenar o excesso de umidade em um pedaço de papel mata-borrão, e deixar na mancha por três a cinco minutos.
3. Após este tempo, os folículos são quebrados batendo-os firmemente com uma haste de metal ou vidro até que haja apenas uma suspensão de pequenas partículas na mancha.
4. Depois de remover quaisquer pedaços grandes de material restante, pode ser aplicado um deslizamento de cobertura limpo.
5. Aqueça o escorregador suavemente sobre a chama de uma lâmpada espiritual. A mancha não deve ferver.
6. A lâmina deve então ser colocada entre dois pedaços de papel mata-borrão que é primeiramente pressionado levemente para baixo para que o excesso de manchas ao redor das bordas da capa - deslizamento seja absorvido, e então a preparação é esmagada pela pressão firme, vertical, do polegar. Nesta fase, os cromossomas vão aplanar e espalhar-se. Evite qualquer movimento lateral.
7. Se a cobertura for anilhada com vaselina, a preparação de abóbora temporária será mantida por pelo menos dez dias.

b. O carmim de HCl da neve:
1. O material é transferido do fixador ou álcool para a mancha (em um pequeno frasco com rolha) por 24 horas.
2. Após este tempo o material deve ser transferido para 70 % de álcool e armazenado na geladeira até ser necessário.
3. A preparação da lâmina é como acima, exceto que o material é esmagado em uma gota de 45% de ácido acético.

Nota: O material deve ser pré-manchado e depois armazenado em 70 % de álcool etílico até ser necessário.

Use o modelo (Tabela 2) abaixo para desenhar um diagrama de uma célula com seis cromossomas (um único encalhado) que passa por todas as fases da meiose. Para fazer o seu desenho é facilmente compreensível:

a. Use cores diferentes para representar pares homólogos.

b. Certifique-se de incluir eventos cruzados e as células filhas no seu diagrama devem incluir as seções corretas dos cromossomos parentais originais.

c. Incluir fibras de fuso, centrioles e todas as outras estruturas relevantes.

d. Etiquete todas as estruturas.

Tabela 2. Um modelo a ser usado pelos alunos para desenhar diferentes estágios da célula meiótica

divisões a partir de sua observação

Prophase I	Metaphase I
Anaphase I	Telophase I
Prophase II	Metaphase II
Anaphase II	Telophase II

Perguntas

A. Em observação a partir de slides preparados

1. Que estruturas celulares você é capaz de observar nesta investigação? Como você usou a aparência delas para determinar a atividade celular?
2. Que fases da meiose foram mais fáceis de reconhecer? Explique.
3. Você teria sido capaz de contar com precisão o número total de cromossomos em qualquer uma das células que você observou? Explique.
4. Como as células nas fases da meiose II diferem das células da meiose I?
5. Você é capaz de observar a travessia dos eventos? Explique porque é que isto pode ser difícil.

B. Na preparação e observação das lâminas dos testículos dos gafanhotos

1. Que estruturas celulares você é capaz de observar nesta investigação?
2. Que dificuldades sentiu na realização desta investigação (enumere pelo menos duas)? Explique.
3. Que dois eventos meióticos garantem a recombinação genética e aumentam a diversidade genética dentro de uma espécie? Explique brevemente cada um deles e identifique a fase da meiose em que o evento ocorre.
4. Você é capaz de observar eventos cruzados? Explique.

Sessão de laboratório #: Três

Título da experiência: Teste de Probabilidade e Qui-quadrado para a 1^a e 2ª Leis de Mendel de Cruzes Dihíbridas

Objectivo(s): 1. permitir aos alunos exercitarem os cruzamentos genéticos, atirando moedas rotuladas como modelos de cruzamentos híbridos; e

2. Introduzir o uso das estatísticas do qui-quadrado aos alunos para testar hipóteses relativas aos rácios esperados e observados.

3. Para permitir que os alunos tomem decisões, quer os resultados pontuados ou observados como rácios genotípicos e fenotípicos de uma determinada cruz encaixem razoavelmente nos rácios genotípicos e fenotípicos esperados, usando regras de probabilidade e teste de qui-quadrado

Introdução

Os rácios de Mendelina são a expressão dos resultados da segregação dos alelos independentes e do sortimento de gametas independentes. O fenótipo de uma característica pareceria um dos fenótipos dos pais quando a suposição é de dominância completa. Uma questão importante em qualquer experiência genética é como podemos decidir se os nossos dados se encaixam em algum dos rácios mendelianos? Por exemplo, como se pode saber se um conjunto observado de descendentes é legitimamente o resultado de uma determinada razão simples subjacente? Suponha que você faz um cruzamento monoibrido para a cor da flor (Pp x Pp) e obtém 290 flores roxas e 110 descendentes de flores brancas que são bastante próximas de uma razão 3/4:1/4 para descendentes de flores roxas e brancas, respectivamente. Deixe você fazer outro cruzamento, um cruzamento híbrido para cor e posição da flor (PpAa x PpAa) e pontuou 318 roxos e axiais; 110 roxos e terminais; 97 brancos e axiais; e 31 brancos e terminais. Estes também estão muito próximos de uma relação 9/16:3/16:3/16:1/16, respectivamente. a questão é como você define formalmente "muito próximo"? Que tal 250:150 e 350:80:86:40? Você precisa comparar cada um desses resultados com valores de probabilidade pré-determinados. Para responder a essas perguntas, você precisa conhecer as regras de probabilidade e o teste de qui-quadrado.

Probabilidade

A probabilidade da ocorrência de algum fenômeno é determinada experimentalmente e a exatidão de alguns resultados de pesquisa pode ser verificada através da referência a esses valores de probabilidade pré-determinados. O cálculo da probabilidade, com base no fenômeno observacional, necessita de algumas idéias básicas sobre experimentos aleatórios, espaço amostral, eventos, etc. As probabilidades são números reais atribuídos a eventos de um espaço de amostra. Você pode pensar na atribuição de probabilidades a eventos, ou medida de probabilidade, como uma função entre a coleção de subconjuntos do espaço de amostra e os números reais. Como exemplo simples, qual é a chance ou probabilidade de um feto humano ser um menino?

teste do qui-quadrado

O termo "qui-quadrado" refere-se tanto a uma distribuição estatística quanto a um procedimento de teste de hipóteses que produz uma estatística que é distribuída aproximadamente como a distribuição qui-quadrada. Nesta sessão de laboratório o termo "qui-quadrado" será usado para o segundo sentido. O teste do qui-quadrado pode servir tanto como um teste de "adequação", onde os dados são categorizados ao longo de uma dimensão (por exemplo, uma moeda atirada 100 vezes aparece 50 vezes na cabeça e 50 vezes na cauda?), quanto como um teste para a "tabela de contingência" mais comum, na qual a categorização é em duas ou mais dimensões como o teste de independência (por exemplo, existe uma relação entre fazer o curso de biologia celular como pré-requisito para o Princípio da Genética e obter a nota "A" nos princípios da genética?) Isso é usado para testar as hipóteses de variância de uma população normal, adequação da distribuição teórica à distribuição de frequências observada, em uma classificação unidirecional com categorias K; e para o teste de independência de atributos, quando as frequências são apresentadas em uma classificação bidirecional chamada tabela de contingência. A menor freqüência esperada deve ser de pelo menos cinco. As frequências esperadas da tabela de contingência podem ser calculadas a partir de ^RlX^c^> onde R_i e *Cjrepresentam* os totais marginais de linha e coluna, respectivamente, e N é o total geral. Os eventos considerados devem ser mutuamente exclusivos e ter probabilidade total 1.

Existem dois tipos de estatísticas de qui-quadrado para o teste de qui-quadrado: Estatística qui-quadrado de Pearson e estatística qui-quadrado de probabilidade. O qui-quadrado do qui-quadrado se baseia na probabilidade dos dados sob a hipótese nula em relação à probabilidade máxima e é definido$_{Eiji}$como $G2 = 2 \pounds\, Oyln^\wedge$. Uma vantagem da estatística do qui-quadrado do fator de verossimilhança é que G2 para uma tabela dimensional grande pode ser ordenadamente decomposta em componentes menores. Isto não pode ser feito exatamente com o qui-quadrado de Pearson, e G2 é a estatística usual para análises log-lineares. À medida que os tamanhos das amostras aumentam, as duas estatísticas do qui-quadrado convergem.

As diferentes fórmulas de teste do qui-quadrado

1. $\chi^2 = \Sigma\frac{(o-e)^2}{e}$ with n-1 degrees of freedom (*df*) for one way ANOVA
2. $\chi^2 = \Sigma\Sigma\frac{(o-e)^2}{e}$ with (r-1)(c-1) degrees of freedom (*df*) for two way ANOVA
3. $G^2 = 2\Sigma[O_{ij}ln\frac{O_{ij}}{E_{ij}}]$ with similar *df* of two way ANOVA

Nota: 1&2 são o qui-quadrado de Pearson e 3 é a razão de probabilidade qui-quadrado.

Por convenção estatística, se o qui-quadrado observado for maior que o valor crítico para $P = 0,05$, concluímos que o resultado poderia ter sido obtido por acaso menos de 5% do tempo, e rejeitamos a hipótese nula de que o acaso é o único responsável pelo resultado. Dizemos que este resultado é estatisticamente significativo. Por outro lado, se o valor calculado for menor que o valor crítico para $P = 0,05$, você deixará de rejeitar a hipótese nula que é o resultado que não é obtido por acaso.

O número de graus de liberdade é o número de valores no cálculo final de uma estatística que são livres de variar. Matematicamente, o grau de liberdade é o número de dimensões do domínio de um vetor aleatório, ou essencialmente o número de componentes 'livres': quantos componentes precisam ser conhecidos antes que o vetor seja totalmente determinado. Por exemplo, se você tem que fazer dez cursos diferentes para se formar, e apenas dez cursos diferentes são oferecidos em dez semestres, então você tem nove graus de liberdade. Nove semestres você será capaz de escolher qual turma você quer fazer; no décimo semestre, só restará uma turma para fazer - não há escolha, se você quiser se formar. Portanto, para fazer dez cursos de biologia em dez semestres, você terá apenas nove graus de liberdade ou semestres para escolher para um curso, ou nove cursos para escolher para um semestre. Para os seus cálculos utilize os valores críticos e *df* do Anexo 5.

Equipamentos e Materiais

1. Fita Adesiva
2. Tesoura
3. Lápis ou caneta de tinta
4. 2 moedas de 5 cêntimos
5. 2 moedas de 10 cêntimos
6. Fixar e destacar contas com cores diferentes pelo menos quatro cores como alternativa às moedas
7. Saco opaco

Procedimento

1. Marque "A" num dos lados de duas moedas de 5 cêntimos e "a" no outro lado das mesmas duas moedas de 5 cêntimos.
2. Marque "M" num lado de uma moeda de 10 cêntimos e "m" no outro lado da mesma moeda.
3. Marque "m" nos dois lados da segunda moeda de 10 cêntimos. Agora neste conjunto os genótipos dos dois pais serão AaMm x Aamm.
4. Substituir as moedas marcadas por gametas e atirar todas as moedas ao mesmo tempo e marcar o evento a partir dos resultados para representar o genótipo da descendência.
5. Determinar a descendência esperada e compará-la com a descendência observada obtida através do lançamento de moedas.
6. Escreva um relatório com base nos seus dados explicando a similaridade ou dissemelhança dos resultados esperados e observados usando o teste de qui-quadrado.
7. Determine os quatro fenótipos e quantos descendentes de cada um deles existem.
8. Registe estes números na coluna "Número esperado para 16 descendentes" da tabela 3 abaixo. Para calcular o número esperado para 96 descendentes, multiplique cada número registado por 6.
9. Registe estes novos números na coluna "Número esperado para 96 descendentes" da mesma tabela.

Tabela 3. Resultados de um cruzamento entre dois pais com genótipo(s) específico(s), por exemplo AaMm e Aamm

Phenotype combinations	Genotypes	Expected numbers for 16 offspring	Expected number for 96 offspring	Toss results	Total numbers observed
Normal skin and normal height	AAMm AaMm	6	36	卌卌 卌 卌 卌 卌 卌 卌 ‖‖	43
Normal skin but midget	AAmm Aamm	6	36	卌 卌 卌 卌 卌 ‖‖‖	29
Albino but normal height	aaMm	2	12	卌 卌 ‖	11
Albino and midget	aamm	2	12	卌 卌 ‖‖‖	13
				Total	96

Fazer outra experiência para um cruzamento entre AaMm e AaMm, AaMm e aaMm, aamm e AaMm, e entre outras combinações.

Faça uma análise qui-quadrado para verificar se as diferenças observadas entre os valores esperados e observados são significativas ou não, ou seja, se o seu resultado corresponde aos rácios Mendelianos esperados. Utilize o Anexo 5 para a sua conclusão.

Perguntas

1. Que tipo de híbrido e genótipo você usou para fazer sua experiência?
2. Os rácios dos resultados do seu experimento são compatíveis com os rácios esperados?
3. Compare os resultados dos diferentes grupos trabalhados de forma independente. Que trabalho de grupo é mais próximo do esperado?
4. Troque seus dados de grupo entre seus diferentes grupos e calcule o qui-quadrado a partir dos dados gerais que você coletou. Compare o novo resultado obtido dos dados do pool com os resultados apenas dos seus dados. Qual trabalho está mais próximo do esperado? Porquê?

Sessão de laboratório #: Quatro

Título da experiência: Estudo de Alelismo Múltiplo usando Teste de Grupo Sanguíneo/Determinação

Objectivo(s): 1. habilitar os alunos a definir antigénios e anticorpos;
2. Para permitir aos alunos determinar as possíveis combinações genotípicas a partir de um determinado número de alelos múltiplos de um gene; e
3. Para que os alunos possam determinar experimentalmente o seu próprio tipo de grupo sanguíneo e o factor Rh.

A actividade tem duas partes: (I) testar o grupo sanguíneo ABO humano como exemplo de alelismo múltiplo - três alelos; e **(II)** determinar Rh humano - fator como exemplo de "dialelismo" - dois alelos

Introdução

Parte I: Teste do grupo sanguíneo ABO humano

Um gene pode ter duas ou mais formas ou alelos. Se tiver mais de dois alelos, diz-se que é um alelo múltiplo. O gene que controla o desenvolvimento do tipo de grupo sanguíneo no ser humano tem três alelos: A, B e O. O **sistema de** grupos sanguíneos **ABO** é o mais importante grupo sanguíneo/tipo de sistema em transfusão de sangue humano. Os anticorpos anti-A e anti-B associados são geralmente anticorpos *IgM*, que são produzidos nos primeiros anos de vida por sensibilização a substâncias ambientais, como alimentos, bactérias e vírus. O locus ABO está localizado no braço longo do nono cromossoma (9q34) com sete exões e três formas alélicas principais: A, B, e O.

A diferença entre A e O é uma única base, a guanina que o tipo O está faltando. Você pode provavelmente pensar que uma base a menos não deveria importar tanto assim. Mas pode realmente fazer uma grande diferença. A diferença entre A e B é de sete bases.

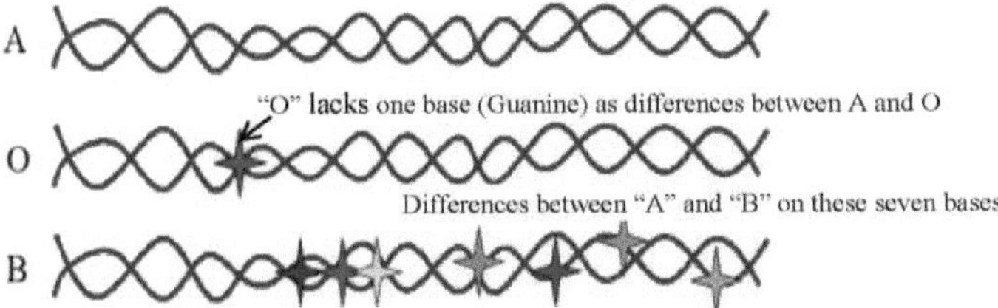

Figure 6. Differences among the alleles for A, B, O blood group gene.

Veja, o gene é na verdade um código que é lido pela célula três bases ao mesmo tempo. Mudar apenas uma base pode mudar o código por completo. Como exemplo, aqui está uma frase que usa apenas palavras de três letras: *"O velhote tinha um chapéu novo."* Se você mudar o último "T" para um "M", a frase seria lida: *"O velhote tinha um novo presunto."* Agora vamos tirar o primeiro "E", e mover todas as outras letras para cima para que cada palavra ainda tenha três letras: *"Tho 1dm anh ado nen ewh am."* Agora a frase é um completo disparate. As mutações podem ter o mesmo efeito nos genes. A versão "O" é mais comumente uma versão sem sentido da forma "A".

Os alelos "A" e "B" codificam a *glicosiltransferase,* uma enzima que modifica o conteúdo de carboidratos dos antígenos das hemácias. O alelo "A" codifica uma *glicosiltransferase* que liga a-N-acetilgalactosamina à extremidade D-galactose do antígeno H, produzindo o antígeno "A". O alelo "B" codifica uma *glicosiltransferase* que se liga a-D-galactose à extremidade D-galactose do antígeno H, criando o antígeno B. No caso do alelo O, exon 6 carece de um nucleotídeo (guanina veja Figura 6), o que resulta em uma perda de atividade enzimática por causa de uma mutação **frame-shift** e resulta na terminação prematura da tradução. Portanto, o antígeno H permanece inalterado no caso do grupo sanguíneo do tipo O. O antígeno H é o precursor dos antígenos do grupo sanguíneo ABO, presentes em pessoas de todos os tipos sanguíneos comuns.

Para uma transfusão de sangue segura, o receptor não deve ser capaz de produzir anticorpos anti-A ou anti-B que correspondam aos antígenos A ou B na superfície das hemácias do doador. Se os anticorpos do sangue do receptor e os antígenos das hemácias do doador corresponderem, o sangue do doador é rejeitado. Na rejeição, o receptor pode apresentar reação hemolítica transfusional aguda (AHTR).

Parte II: **determinação do factor Rh humano**

O **sistema de grupos sanguíneos Rh** (incluindo o **fator Rh**) é um dos vários sistemas de grupos sanguíneos humanos (atualmente mais de 33). É o sistema de grupos sanguíneos mais importante após o ABO. Atualmente, o sistema de grupos sanguíneos Rh consiste em 50 antígenos de grupos sanguíneos definidos, entre os quais os cinco antígenos D, C, c, E, e e são os mais importantes. Os termos comumente usados *fator Rh, Rh positivo* e *Rh negativo* referem-se apenas ao *antígeno D*. O experimento neste laboratório utilizará o antígeno D. Um indivíduo pode ser positivo ou negativo para o fator Rh e denotado por um '+' após o tipo ABO.

O antígeno "D" é herdado como um gene (Rh-D) carregado no braço curto do primeiro cromossomo, (p36.13-p34.3) com vários alelos. Além do sistema ABO, o sistema de grupo sanguíneo Rh pode afetar a compatibilidade transfusional. O sangue que é Rh-negativo pode ser transfundido para uma pessoa Rh-positiva, mas não Rh-positiva para uma pessoa Rh-negativa porque um indivíduo Rh-negativo pode criar anticorpos para as hemácias Rh-positivas. Portanto, a identificação de frequências de genes ABO e Rh entre populações humanas tem vários benefícios na medicina transfusional, transplante e risco de doença.

Os resultados experimentais mostram que o tipo sanguíneo AB+ está a receber de todos os grupos sanguíneos e é referido como o "receptor universal", uma vez que não possui anticorpos Anti-B nem Anti-A no seu plasma e pode receber tanto sangue Rh-positivo como Rh-negativo. Da mesma forma, o tipo de sangue O é chamado de "doador universal"; como seus glóbulos vermelhos não possuem antígenos A ou B e são Rh-negativos, nenhum outro tipo de sangue irá rejeitá-lo. Uma pessoa com tipo sanguíneo A não pode dar sangue a uma pessoa com tipo sanguíneo B e vice-versa.

Equipamentos e Materiais

1. Soros Anti-A
2. Soros Anti-B
3. Anti-D sera.
4. Amostras de sangue fresco de diferentes indivíduos (estudantes)
5. Solução salina isotónica (0,80-0,85% de NaCl com água destilada). Isto pode ser utilizado para amostras de banco de sangue
6. Vidro deslizante ou vidro de relógio
7. Agulhas ou lancetas
8. Algodão ruim
9. Álcool
10. Palitos de Dentes

Procedimento

Três técnicas ou métodos manuais clássicos e dois mais recentes podem ser usados para agrupar amostras de sangue: (1) os métodos clássicos são lâminas de vidro ou porcelanato branco; (2) tubo de ensaio de vidro e placa de micropoços ou microplaca; e (3) as técnicas mais recentes são a técnica de coluna (gel sefadex) e testes de fase sólida. Para esta atividade específica, você usará a lâmina de vidro. Esta técnica pode ser usada para testes de agrupamento ABO de emergência ou para agrupamento preliminar, particularmente em um acampamento ao ar livre. Os seguintes passos devem ser seguidos como procedimentos para testar e determinar o fator ABO e Rh para estudo de alelismo múltiplo:

1. Lave as mãos antes de realizar o teste e novamente após a realização do teste.
2. Limpe a ponta de um dedo com uma almofada de algodão imersa em álcool e deixe-a secar.
3. Tire a pequena tampa protectora azul da lanceta.
4. Coloque a lanceta contra a extremidade do dedo e pressione o corpo azul da lanceta contra o seu dedo para perfurar o dedo e libertar sangue.
5. Se o sangue não sair facilmente, massaje o dedo de baixo para cima para estimular o fluxo de sangue que é pressionado para a ponta do dedo. Repita a pressão até se ver uma gota com um diâmetro de 3 a 4 mm (1/8 polegada).
6. Transfira o sangue para uma lâmina de vidro que se aproxima por baixo do dedo. Não espalhe o sangue sobre a pele e a lâmina de vidro.
7. Repita este passo para outros três novos diapositivos com o rótulo "A", "B", "D" e "C". Você pode usar uma lâmina dividindo-a para testes diferentes, mas cuidado para não misturar as amostras colocadas para testes diferentes.
8. Adicione uma gota de soros anti-A, soros anti-B e soros anti-D às amostras de sangue rotuladas respectivamente nas lâminas. A amostra de sangue na lâmina "C" é deixada para controlo.
9. Misture as células e o reagente usando um palito limpo ou qualquer palito limpo e seco. Espalhe cada mistura uniformemente na lâmina sobre uma área de 10-15 mm de diâmetro.
10. Incline a lâmina e deixe o teste durante 2 minutos à temperatura ambiente (22o - 24oC). Em seguida, balance novamente e procure a aglutinação.
11. Registar o resultado como coagulado ou não coagulado e interpretar os resultados dos testes com a respectiva mistura anti-gene anti-corpo na tabela de resultados de cor, conforme descrito abaixo (página seguinte):

Table 4. Colour and blood coagulation result chart

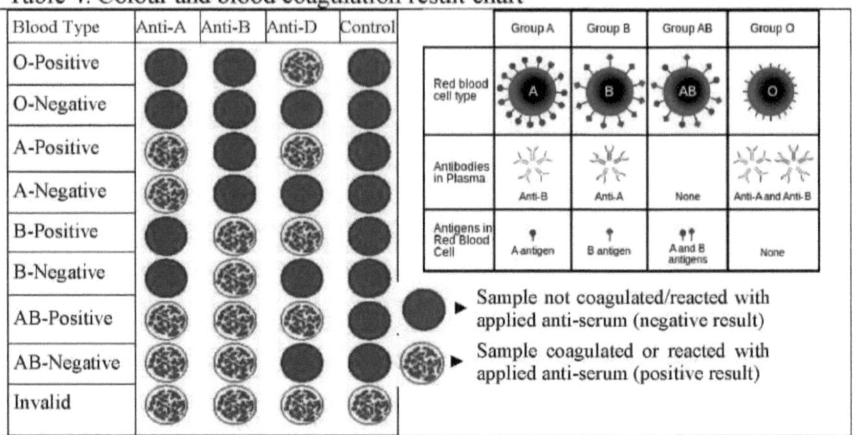

Blood Type	Anti-A	Anti-B	Anti-D	Control
O-Positive				
O-Negative				
A-Positive				
A-Negative				
B-Positive				
B-Negative				
AB-Positive				
AB-Negative				
Invalid				

Nota: se o sangue for de um banco de sangue, use 1 gota de 20% de suspensão de eritrócitos para cada gota do anti-soro de digitação (a suspensão pode ser preparada adicionando 20 partes de eritrócitos a 80 partes de soro fisiológico normal). Nesta experiência pode não precisar da amostra de sangue para a suspensão em solução salina. Use o sangue tirado directamente da ponta do seu dedo.

Precauções

Use uma luva padrão enquanto estiver fazendo experiências com amostras de sangue. Especialmente em tal nível de trabalhos de laboratório, deve-se fazer o experimento em amostras de sangue apenas colhidas de seu próprio corpo. Caso contrário, outros devem simplesmente seguir como se está fazendo o experimento usando a amostra de sangue do seu próprio corpo.

Perguntas

1. O que são antígenos?
2. O que são anticorpos?
3. Qual é o seu tipo de grupo sanguíneo se você usou o sangue do seu próprio sangue?
4. Compare os dados do pool para cada grupo sanguíneo coletado da classe com os rácios relatados de diferentes nações. [Use o teste Qui-quadrado e os Anexos 5 e 6 para tirar a sua conclusão].
5. Que tipo(s) de grupo sanguíneo(s) o(s) aluno(s) pode(m) ajudar um aluno com o tipo de grupo sanguíneo AB+, fornecendo-lhe o seu sangue quando necessário?
6. Que tipo de grupo sanguíneo o aluno pode obter com segurança sangue de todos os tipos de grupo sanguíneo quando necessário? Porque não outros?
7. Quais são as principais fontes de variação entre os diferentes grupos sanguíneos?
8.

9. Existe alguma possibilidade de uma criança ter sangue do tipo "A" da mãe e do pai do tipo "O"? Como?

10.Às vezes é comum que uma mãe aborte a sua gravidez de repente após dar o primeiro parto em segurança se o seu factor Rh for diferente do factor Rh do seu marido. Qual é a razão para tal aborto?

11.Que combinação ou combinação dos factores Rh da mãe e do pai pode ajudar a que todas as gravidezes durem em segurança?

Sessão de laboratório #: Cinco

Título da experiência: Observação do cromossoma de polietileno

Objectivo(s): 1. permitir que os alunos que dissecam insectos retirem correctamente o órgão requerido;

2. Para permitir que os alunos preparem o slide com cromossoma de polietileno; e

3. Para que os alunos possam observar diferentes padrões de banda de cromossomas gigantes.

Introdução

Um ciclo típico de divisão celular consiste em um único ciclo de replicação de DNA (fase S) para gerar um par de cromatídeos irmãos, que são então segregados em núcleos filhas individuais durante a mitose (fase M). Entretanto, há poucas situações que resultam em replicação cromossômica incomum, mas normal. Por exemplo, as células em *Drosophila* especialmente na fase larval têm um tamanho muito grande devido ao transporte de cromossomas gigantes conhecidos como cromossomas politénicos. O termo **politeno** também é usado para descrever cromossomas semelhantes em outras espécies de dípteros.

O ciclo celular dos politens da glândula salivar produz cromossomos que consistem em 1000 (2^{10}) cromatídeos irmãos cada um, mas por razões desconhecidas, as regiões centrômicas dos cromossomos não endoreplicam muito bem (Figs. 7 & 8). Assim, muitas rodadas de endoreplicação permitem que as larvas produzam as grandes quantidades de produtos genéticos necessárias para que elas sofram um rápido crescimento em tamanho à medida que progridem do primeiro para o terceiro instar de desenvolvimento. A produção de grandes quantidades de cola antes da pupação é uma das vantagens de ter cromossomas politénicos.

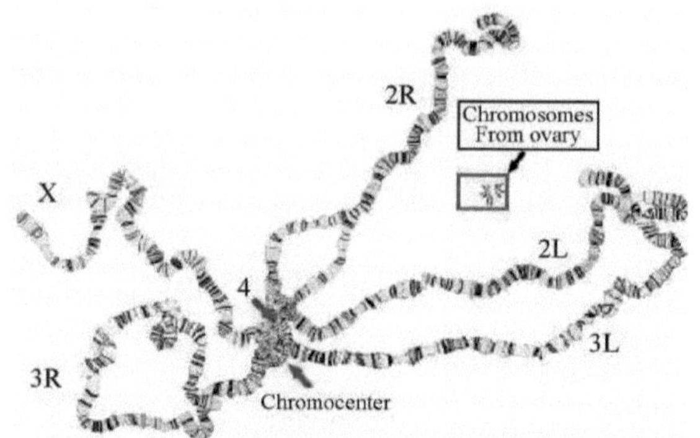

Figure 7. *Drosophila* polytene chromosomes: the area represented by [ ] in the diagram is showing the relative size of chromosomes resulted from normal mitotic division.

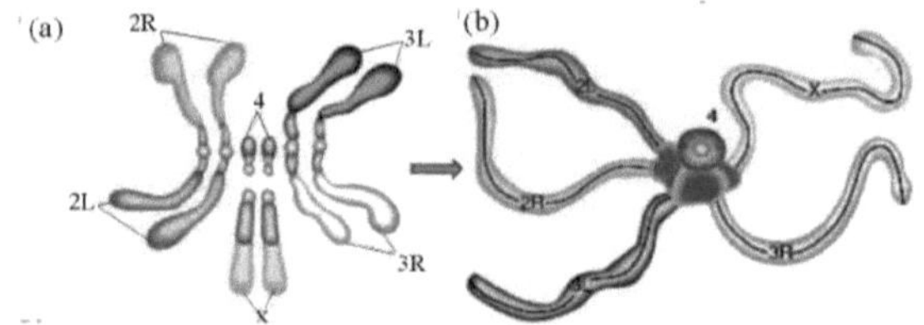

Figure 8. Female fruit fly chromosomes: (a) normal set of the chromosomes indicated in a squared area in the middle right side of Figure 7; and (b) all the eight chromosomes synnapsed at the centromere region to make polytene chromosome.

Este laboratório está se preparando para "técnicas" em vez de experimentos para investigar certos conceitos/fenômenos como você tem feito até agora. Você aprenderá uma nova técnica: como isolar o cromossomo gigante do *Drosophila* (mosca da fruta) e manchá-lo. Isto é, você vai preparar abóboras de cromossomos de polietileno das glândulas salivares *de Drosophila*.

Para este estudo escolhemos cromossomas da glândula salivar larvar de Drosophila porque são de tamanho anormalmente grande e têm bandas claramente visíveis. Os padrões de bandagem destes cromossomas são distintos dos cromossomas metafásicos e têm sido associados a genes específicos. Os cromossomas metafásicos também têm bandas distintas, mas associadas a ADN geneticamente inactivo de heterocromatina.

Os cromossomos politens têm padrões característicos de bandas claras e escuras que podem ser usados para identificar rearranjos e deleções cromossômicas. As bandas escuras correspondem frequentemente a cromatina inativa, enquanto que as bandas claras são geralmente encontradas em áreas com maior atividade transcripcional. Os padrões de bandagem dos cromossomas são especialmente úteis na pesquisa, pois proporcionam uma excelente visualização da cromatina transcritivamente ativa e da estrutura geral da cromatina. Por exemplo, os cromossomos politens em *Drosophila* têm sido usados para apoiar a teoria da equivalência genómica, que afirma que todas as células do corpo mantêm o mesmo genoma. Os folhados cromossômicos são regiões difusas do cromossomo do politeno que são locais de transcrição do RNA.

Neste laboratório, você irá preparar abóboras de cromossomos de polietileno das glândulas salivares *de Drosophila* para observar diferentes padrões de bandas do cromossomo polietileno.

Materiais e equipamentos

1. Dissecação de escopo (um por grupo de laboratório)
2. Garrafa de caldo de *Drosophila* tipo selvagem
3. 10 ml de solução salina (0,7% NaCl)
4. 1 ml 45% Ácido acético
5. 0,5 ml Mancha de Orcein
6. Kimwipes
7. Garrafa de lavagem H2O
8. Microscópio
8. Lâminas preparadas para microscópio
9. Fichas de cobertura
10. Fórceps

Procedimento

Siga os seguintes passos para a preparação de lâminas com cromossomos do estágio larval *Drosophila* glândula salivar para observar os cromossomos politens
1. Escolha a fase larval tardia (larva branca grande e rastejante) de *Drosophila;*
2. Identificar a parte anterior da larva pelas suas partes móveis da boca;
3. Dissecar a parte anterior da larva pelos dois lados da cabeça anterior; ver figura 9 abaixo para ajudar a identificar a posição correcta da glândula.

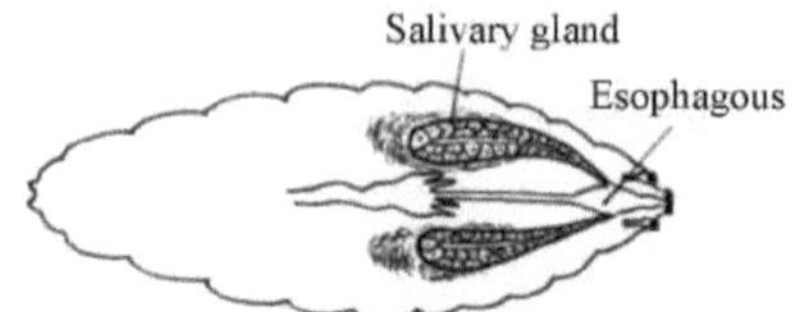

Figure 9. The diagram showing the position of salivary gland in *Drosophila* larva

4. Identificar e isolar a glândula salivar do resto do corpo;
5. Mantenha a amostra sempre úmida, adicionando gotas de solução de NaCl, especialmente durante o processo de dissecação sob o microscópio de dissecação, pois a luz do microscópio aquece e seca a amostra;
6. Esmague a glândula salivar da amostra para dispersar os cromossomas na lâmina;
7. Manchar a amostra durante pelo menos 5 minutos com uma mancha de ligação de ADN chamada Acetocarmina ou acetoforina;
8. Coloque uma lamela sobre ela
9. Observe os cromossomos politens que formam bandas mais escuras e mais claras alternadas a partir dos cromossomos corados.

Nota: Se você não conseguiu identificar as glândulas salivares, as glândulas da região intestinal podem ter sido confundidas com glândulas salivares, mas não contêm cromossomos de polietileno. As glândulas salivares têm o aspecto de "ovos claros" dispostos num cacho de ovos dos dois lados da cabeça anterior (Figura 9).

Perguntas

1. Isolaste o cromossoma do polígeno? Se não, então o que pode ter corrido mal?
2. Desenhe um esboço do seu melhor cromossoma de polietileno espalhado.
3. Consegues localizar o cromocentro na tua propagação?
4. Os cromossomas politens da glândula salivar larvar são mais longos e largos que os cromossomas metafásicos da abóbora cerebral larvar. O que pode explicar o facto dos cromossomas politénicos serem mais longos?
5. Ter um cromossoma de polietileno é vantajoso para o organismo, especialmente para os do grupo dos insetos?
6. Qual é a vantagem de ter um cromossoma de polietileno?

Capítulo 2. Sessão de laboratório #: Seis

Título da experiência: Sexo e Notação Genética

Objectivo/s: 1. familiarizar os alunos com um importante organismo de investigação, *Drosophila melanogaster,* a mosca da fruta.

      2. Para permitir aos alunos diferenciar *Drosophila* fêmea e macho, moscas da fruta com base nas suas aparências morfológicas; e

      3. Para permitir que os alunos utilizem símbolos padrão ou notações genéticas que representem o genótipo de uma mosca da fruta com fenótipo especificado.

Introdução

A mosca da fruta comum *(Drosophila melanogaster* L.) é um organismo modelo para estudos genéticos. As razões pelas quais é tão utilizada são: é pequena e facilmente cultivada em laboratório; é facilmente manuseada por anestesia ou sesta (geralmente usando CO_2) quando são examinadas ou transferidas para acasalamento; é sexualmente dimórfica; é fácil obter machos e fêmeas virgens; tem um tempo de geração curto; pode produzir muitos descendentes num processo reprodutivo (deposita cerca de 500 ovos em 10 dias); e o cuidado e a cultura requerem pouco equipamento, baixo custo e pouco espaço. O ciclo de vida (do ovo ao adulto) leva cerca de 10 dias (Figura 10) à temperatura ambiente. O acasalamento ocorre tão cedo quanto 8 horas após a fêmea adulta emergir do filhote.

O cariótipo de *Drosophila* compreende quatro pares de cromossomas, dos quais três pares são autossomas e um par são cromossomas sexuais. Na mosca da fruta, o sexo é determinado pelo número relativo de cromossomas X e autossomas. Se uma mosca tem dois cromossomos X, e dois de cada autossomo (uma razão X:autossomo de 1:1), ela se desenvolverá como uma fêmea. Se uma mosca tem apenas um cromossomo X, e dois de cada autossomo (uma proporção X:autossomo de 1:2), ela se desenvolverá como um macho. Em *Drosophila,* o

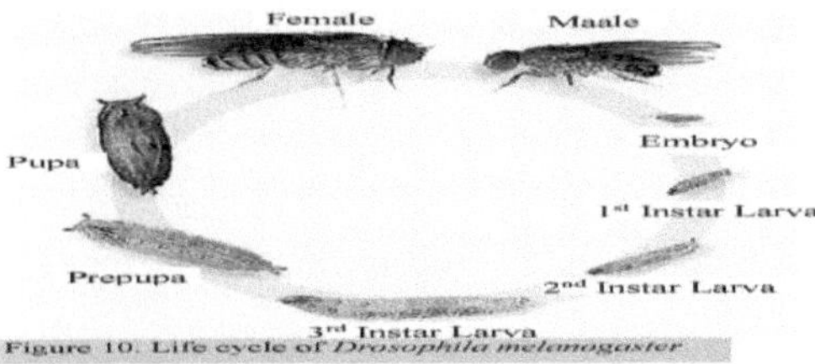

cromossomo Y não determina a masculinidade.

Drosophila Sexing (mosca da fruta)

Para qualquer análise sucessória relacionada com características ligadas ao sexo, sexar as moscas (identificar machos e fêmeas ou separar machos de fêmeas) é um passo crucial.

As moscas da fruta masculina e feminina podem ser distinguidas uma da outra de formas diferentes:

1. Apenas os machos têm um pente sexual muito distinto, uma franja de cerdas pretas no par mais anterior, mas só pode ser vista com uma ampliaçvamente alta;
2. A ponta do abdómen é alongada e um pouco pontiaguda nas fêmeas (Figura 11 *ai* e *bi*) e mais arredondada nos machos (Figura 11 *a2* e *b2*);
3. O abdômen da fêmea tem sete segmentos, enquanto o do macho tem apenas cinco segmentos; e
4. A extremidade posterior do abdómen masculino - a genitália é mais pigmentada de forma mais escura do que a da fêmea. A figura 11 abaixo é útil para identificar moscas-da-fruta masculinas e femininas.

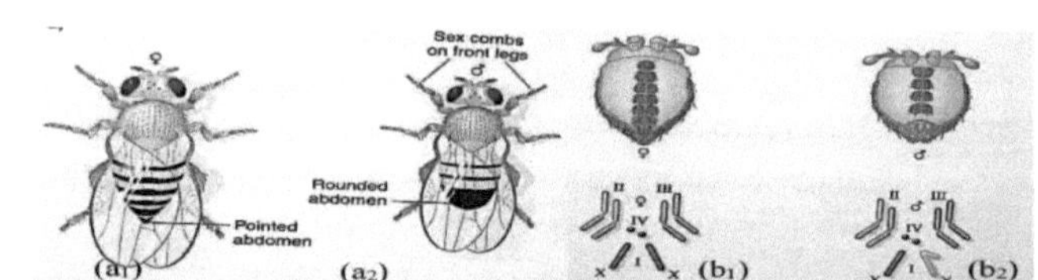

Figure 11. Distinguishing Male and Female *Drosophila*: (a) showing the whole morphology; (b) showing the number of abdominal segments from ventral view and karyotype; and *a₁* and *b₁* are characters of female and *a₂* and *b₂* are characters of male *Drosophila*.

Uma vez conhecidos os personagens de *Drosophila* fêmea úteis para distingui-la de *Drosophila* macho, você receberá uma mistura de população de *Drosophila* macho e fêmea para separar os machos das fêmeas.

Equipamentos e Materiais

1. Frascos com população de moscas da fruta do tipo selvagem
2. Ampola vazia ou tubo de cultura
3. Incubadora
4. Anestesista
5. Placa branca
6. Estereomicroscópio
7. Pincel fino
8. Morgue de moscas

Procedimento

Separação de moscas macho e fêmea

1. Obtenha uma ampola de moscas normais ("tipo selvagem", ampola rotulada "+") e uma ampola vazia.
2. Anestesie as moscas usando um determinado anestesista e instruções do seu instrutor de laboratório.
3. Quando as moscas já não estiverem em movimento, coloque-as numa placa branca e veja-as sob um microscópio de dissecação.
4. Usando um pincel fino, empurre cada mosca para um dos dois grupos, formando um grupo de fêmeas no lado esquerdo da placa, e um grupo de machos no lado direito. Quando

terminar, faça com que o aluno se sente ao seu lado e verifique a precisão da sua classificação. Se você estiver em dúvida sobre sua precisão, peça ajuda ao assistente de laboratório ou ao instrutor.

5. Quando terminar, deixe cerca de 10 machos e 10 fêmeas e transfira para o tubo de cultura se precisar delas para a próxima sessão e descarte as outras moscas despejando-as numa "morgue de moscas".

Notação Genética

Notação clara para qualquer genótipo *Drosophila* indica se o locus envolvido está num **autossoma** (II, III, ou IV) ou cromossoma **sexual** (I(**X**) ou **Y**), e no caso de dois (ou mais) **loci**, se são o mesmo ou diferentes cromossomas (**ligados** ou **não ligados**, respectivamente).

Os alelos **dominantes** em um locus são simbolizados por alelos maiúsculos e **recessivos** por alfabetos em minúsculas. No entanto, enquanto consideramos alelos selvagens e mutantes para um gene em *Drosophila*, podemos precisar usar outra notação para esses alelos dominantes e recessivos. Alelos selvagens carregados no cromossomo X são denotados por X+ e os alelos mutantes por X mais o super script de uma letra minúscula representando o nome de mutante o traço como X+X+, X+Xg, XgXg, X+Y, e XgY representa o gene homozigoto normal dos olhos, heterozigoto normal dos olhos, homozigoto dos olhos (nas fêmeas), e hemizigoto normal e hemizigoto dos olhos (nos machos), respectivamente.

Os exemplos seguintes podem ajudar a compreender a notação genética geral em *Drosophila*.
1. **Um local autossômico**: por exemplo, o genótipo para o corpo de ébano no cromossomo III é *ee*, para o corpo do tipo selvagem nesse local *e+e+*. Para genes autossômicos, o genótipo é o mesmo para homens e mulheres, e pode ser homozigotos ou heterozigotos.
2. **Um locus ligado ao sexo**: Nos alelos *Drosophila* podem estar presentes no cromossoma X, mas não no Y, portanto os genótipos para masculino e feminino são diferentes. O símbolo ("■) indica um cromossoma sexual Y masculino e, portanto, a presença de apenas um alelo. Por exemplo, Bar eye no cromossoma I. O genótipo Bar eye feminino é BB, Bar eye masculino é B-1, o olho selvagem feminino é B+B+, e o olho selvagem masculino é B'". Também é importante lembrar que nem todos os mutantes são recessivos. Uma mutação dominante para o tipo selvagem é simbolizada por uma letra maiúscula. Por exemplo, a forma típica dos olhos é redonda. Um mutante produz um "olho de barra" estreito: o alelo é dominante, simbolizado por uma letra maiúscula B, e o olho do tipo selvagem (redondo) é B+. Portanto, em tais casos, alelos mutantes dominantes em cromossomos sexuais podem ser denotados pela letra maiúscula (B), enquanto alelos selvagens podem ser denotados pela letra maiúscula mais o superescrito + (B+).

3. **Dois loci autossômicos não ligados: por exemplo,** asa vestigial (II) e corpo de ébano (III) teriam genótipo vgvg ee e tipo selvagem (asa e corpo nestes loci) teriam vg+vg+e+e+e+.
4. **Dois loci autossômicos ligados:** por exemplo, asa enrolada (III, 50.0) e corpo de ébano (III, 70.7). cu e/cu e, cu+e+/cu+e+, cu+e/cu e+ e cu+e/cu e+ são os genótipos possíveis

escritos para mostrar os alelos mutantes e selvagens em cada homólogo.

5. **Dois loci ligados ao sexo: por exemplo,** olho de barra (I 57.0) e cerda bifurcada (I, 56.7). Fêmea é Bf/Bf, macho é Bf/-1. Fêmea do tipo selvagem é B+f+/B+f+, macho do tipo selvagem é B+f+/^.

6. **Um loci ligado ao sexo & um loci autossômico: por exemplo,** Bar eye (I) e asa vestigial (II) fêmea é BB vgvg e macho é B^vgvg, sendo que a fêmea selvagem é B+B+vg+vg+ e (III)   macho selvagem é B+_vg+vg+.

Às vezes observo que meus alunos usam *genes, locus* e *alelos* de forma intercambiável e isso pode levar a confusão durante as interpretações da variação genética. Assim, pode ser útil definir gene, locus e alelo para evitar usos errados e intercambiáveis para uma compreensão clara de algumas notações genéticas.

Gene é o termo mais popular e geral, e é mais apropriado quando a base herdada de um traço é enfatizada, por exemplo, um "gene" para a cor dos olhos.

A *localização* é mais apropriada quando a natureza física ou posição de um gene, especialmente com respeito a outros genes, é enfatizada, por exemplo, no mapeamento de genes e estudos de ligação.

O alelo é mais apropriado quando a forma particular (s) de um gene encontrado em qualquer indivíduo ou cromossoma em particular é (são) enfatizado: por exemplo, existem alelos de "célula falciforme" e "célula normal" do gene em forma de glóbulos vermelhos. Portanto, é impreciso dizer: "Ele tem o gene para anemia falciforme" e mais preciso dizer: "Ele tem dois alelos para anemia falciforme no locus beta-globina do cromossomo 6". Todos nós temos o "gene" para cada condição genética; alguns de nós temos o(s) alelo(s) específico(s) que resulta(m) na expressão da condição.

Perguntas

1. Quais são os principais caracteres fenotípicos que você pode usar para distinguir as moscas da fruta femininas das moscas da fruta masculinas?
2. O que faz:
    a. Um locus ligado ao sexo significa?
    b. Um locus autossómico significa?
    c. Dois alelos ligados ao sexo ou loci significam?
    d. Dois alelos autossómicos ligados ou loci?
    e. Dois alelos autossómicos sem ligação ou loci?
    f. Um alelos ligados ao sexo e um autossómico ou loci?
3. Qual é o propósito do anestesista durante a classificação das moscas da fruta em grupos de homens e mulheres?
4. O que é notação genética?
5. O constituinte do genótipo ou cromossoma é constituído sempre pelo tipo em

Drosophila feminino ou masculino?

Sessão de laboratório #: Sete

Título da experiência: Induzindo Mutações em *Drosophila* (moscas da fruta) e Fazendo Cruzes para Híbridos

Objectivo/s; 1. permitir aos alunos apreciar as possibilidades de criar variações artificialmente.
2. Capacitar os alunos a desenvolverem *Drosophila* mutante (mosca da fruta) induzindo mutações no uso de mutagénicos químicos
3. Para permitir que os alunos façam cruzes controladas em *Drosophila*

Introdução

Um dos organismos modelo mais utilizados em estudos genéticos é a mosca da fruta, *Drosophila melanogaster*. Um organismo modelo deve ter rápido desenvolvimento com ciclos de vida curtos, tamanho adulto pequeno, pronta disponibilidade e tractabilidade. As moscas-da-fruta são escolhidas por satisfazerem todos estes critérios. Antes de tudo, são muito fáceis de trabalhar, requerem recursos mínimos para sobreviver e todo o seu genoma é sequenciado. Além disso, elas têm uma combinação genética com o *Homo sapiens* para 75% das doenças humanas.

Nesta sessão de laboratório você fará duas coisas para aprender as teorias mendelianas da herança: uma criando traços contrastados em um personagem através da mutação induzida, e a segunda é fazendo cruzamentos entre moscas da fruta selvagens e supostas "mutantes" para uma ou mais características para produzir progênies "híbridas" de F1. Anestesiar e examinar um grupo de *Drosophila do* tipo selvagem. O problema com a mosca-das-frutas é que elas voam. Portanto, diferentes métodos foram desenvolvidos para anestesiar moscas-da-fruta. Éter, CO_2 e resfriamento são anestesiadores úteis ou sesta de mosca para estudar as moscas. No entanto, cada um deles tem fraqueza e força. o CO_2 funciona muito bem, mas a sua aplicação é cara. O resfriamento é o mais simples, necessitando apenas de um freezer, gelo e pratos de petri. É o único método que não afeta a mosca, a neurologia; portanto, os estudos de comportamento podem começar depois que as moscas tiverem aquecido o suficiente.

Mutação indutiva em Drosophila melanogaster

As mutações, que frequentemente perturbam ou eliminam completamente a função genética, são ferramentas poderosas na análise genética ou "dissecação genética". A primeira etapa de uma dissecação genética é a caça aos mutantes. As mutações ocorrem espontaneamente em qualquer população com baixa freqüência. No entanto, podemos aumentar drasticamente a taxa de mutação usando irradiação, produtos químicos e mutagênese genética. A substância química mais conveniente para a mutagênese de rotina é o etilmetissulfonato (EMS) administrado através da alimentação de machos adultos. A dose padrão para EMS é de 25mM (0,24 ml de EMS em 100 ml de sacarose aquosa a 1%, dispersa por aspiração repetida com uma seringa de 10 ml ou micropipetador P1000). O EMS um grupo etílico (-CH2CH3) a muitas posições em todas as quatro bases encontradas no DNA e alterar suas propriedades de emparelhamento. A alteração mais comum induzida pelo EMS 25mM é a adição de um grupo etílico à guanina (G), possibilitando o emparelhamento com a timina (T). Este emparelhamento ilegítimo leva a transições de GC AT no próximo ciclo de replicação como mutações pontuais.

O mutagénio EMS é facilmente administrado a moscas adultas, colocando-as em papel de filtro saturado com 25mM de solução EMS. Os machos alimentados com 0,025 M EMS produzem mutações letais em 70% de todos os cromossomas X, e em quase todos os cromossomas 2 e 3. É possível procurar por progenitores mutantes F1 que apresentem fenótipos incomuns como resultado de mutações induzidas.

Fazer cruzes

Todas as moscas fêmeas usadas em cruzamentos genéticos controlados devem ser "virgens". Uma vez que as fêmeas são consideradas virgens, adicione os machos. O acasalamento ocorre rapidamente e as fêmeas começam a pôr ovos férteis logo após o acasalamento. As fêmeas são poliandrous, capazes de acasalar com vários machos. Geralmente os machos acasalam de forma mais eficiente, se tiverem amadurecido 3 dias ou mais. Certifique-se de selecionar machos robustos; quanto mais velhos as moscas, menor será a eficiência do acasalamento. Uma vez acasaladas, as fêmeas podem reter esperma viável por vários dias e isso confundirá os resultados de um acasalamento controlado subseqüente. Para prevenir isto, todas as moscas adultas são retiradas do frasco de cultura cerca de 7 horas antes do tempo de laboratório; assim todas as moscas recém-nascidas permanecerão virgens e todos os cruzamentos serão entre fêmeas virgens e machos mutantes. Uma vez feito o acasalamento e estabelecido o sistema para obter larvas suficientes, remover os adultos da incubação para evitar dificuldades em distinguir os pais da geração F1.

Equipamentos e Materiais

1. Um frasco contendo moscas da fruta do tipo selvagem
2. Anestesiador de voo
3. Incubadora
4. Um cartão branco ou um tampão de papel
5. Um pincel de pintura fino
6. Estereomicroscópio ou microscópio de dissecação
7. Morgue de moscas
8. Ampolas de cultura de mosca vazias
9. Frascos de vidro ou plástico com tampão de algodão
10. Garrafas de cultura

11. Funil de plástico
12. Papel de filtro
13. Meio de cultura fresco

14,25mM Solução de metanossulfonato de etilo (EMS)

Procedimento

1. Selecione moscas da fruta machos e coloque-as em uma garrafa vazia e passem fome por 12-24 horas antes de alimentar o EMS.
2. Pegue papel de filtro e saturar com uma solução EMS de 25mM.
3. Coloque os machos adultos sobre o papel de filtro saturado com uma solução EMS de 25mM mas não sobre o meio e alimente-os durante 12-24 horas;
4. Selecione moscas-da-fruta adultas virgens;
5. Coloque cerca de quatro a cinco pares de moscas fêmeas não tratadas e machos tratados com EMS em tubo de cultura ou frasco contendo meio fresco para produzir progênies de F1 para as próximas sessões de laboratório.
6. Coloque um funil de plástico sobre a garrafa fresca e segure a garrafa num ângulo de 30 graus. Pincele as moscas seleccionadas para dentro da garrafa com a ajuda do funil.
7. Coloque a garrafa de lado para que as moscas fiquem em vidro seco, em vez da comida úmida. Bata o lado da garrafa contra o banco se as moscas aparecerem presas no meio;
8. Se as moscas ainda não tiverem recuperado a consciência, mantenha a garrafa de lado;

9. Verificou e registou cuidadosamente o sexo e o fenótipo de cada mosca utilizada na cruz e rotulou correctamente o frasco com o número da cruz, o número do seu grupo, a secção do seu laboratório e a data.
10. Incubar as moscas em tubo de cultura a 25oC na prateleira designada para a sua secção. Se uma incubadora a essa temperatura não estiver disponível, a cultura irá funcionar bem à temperatura ambiente (20-24oC). Expor as moscas da fruta a 31oC ou a temperaturas superiores pode causar esterilidade;
11.Ues voar morgue para despejar moscas enfraquecidas e indesejadas.
Nota: Em uma pitada, um único macho pode ser usado para inseminar várias fêmeas.

Perguntas

1. Quais são os diferentes mecanismos que os geneticistas podem usar para induzir mutações?
2. Explicar as vantagens e limitações de cada mecanismo utilizado para induzir mutações.
3. Por que você precisa usar moscas da fruta femininas virgens em vez de experimentar uma para esta experiência?
4. Explique a razão pela qual as moscas-da-fruta machos devem passar fome antes de alimentar a EMS.
5. O que significa "mutação letal"?

Sessão de laboratório #: Oito

Título da experiência: Pontuação de Fi **Progenies of *Drosophila* (moscas da fruta) e Selfing Them**

Objectivo/s; 1. introduzir os alunos ao "tipo selvagem" normal e a vários fenótipos mutantes de *Drosophila,* moscas da fruta.
     2. Para permitir aos alunos identificar *Drosophila* mutante, (mosca da fruta) de descendentes de Fi.

Introdução

Havia uma teoria, a visão pré-mendeliana, que foi afirmada que existem traços misturados na geração F i porque os traços são "instáveis" e não podem ser passados para os descendentes. No entanto, esta teoria foi desmentida por Mendel que tais traços desapareceram na geração F i não por serem instáveis mas sim "mascarados" pelos respectivos traços contrastados e que ainda assim voltariam na geração F2. Nesta sessão de laboratório você vai fazer duas coisas para aprender as teorias mendelianas de herança: uma delas é classificar a fruta F1 em grupos masculinos e femininos e em tipos selvagens e mutantes, e a segunda é fazer cruzamentos entre os descendentes de Fi para produzir descendentes de F2 ou geração.

A maioria das mutações interessantes que serão detectadas em uma tela após a mutagênese do EMS serão recessivas, não produzindo assim nenhum fenótipo mutante, a menos que sejam homozigotos. Uma exceção a este requisito de homozigotos para a expressão de fenótipos mutantes recessivos é o caso das mutações ligadas ao cromossoma X em moscas masculinas. Como uma mosca macho tem apenas um cromossomo X (e é assim chamado de **hemizigoto** para todos os genes ligados ao X), o macho expressará o fenótipo anormal associado a qualquer mutação recessiva no X. Ao fazer uso de um cromossomo especial chamado de cromossomo X em anexo (representado como XAX), é possível fazer a triagem de machos da geração F1 para mutações interessantes no cromossomo X. O cromossoma anexo X é um cromossoma composto formado pela fusão de dois cromossomas X. Um cromossoma XAX é herdado como uma única unidade, e as moscas portadoras de um cromossoma XAX serão fêmeas. Uma fêmea que tem um cromossomo XAX, e também tem um cromossomo Y, pode ser acasalada com um macho normal para produzir uma fêmea XAX/Y, e uma descendência X/Y macho Fi, como mostrado no primeiro diagrama abaixo. Os cromossomos X em anexo tornam possível a realização de uma rápida mutagênese EMS e

Tela mutante através da alimentação de 25mM de solução EMS para os machos da geração parental, acasalando-os com as fêmeas XAX, e rastreando os machos descendentes de F1 resultantes para detectar fenótipos anormais. Um esquema para realizar este tipo de mutagênese e triagem está delineado no segundo diagrama indicado abaixo.

$X^{\wedge}X/Y \female \times X/Y \male$

		Sperm	
		X	Y
Egg	$X^{\wedge}$ X	$X^{\wedge}X/X$ (dies)	$X^{\wedge}X/Y$
	Y	X/Y	Y/Y (dies)

A diagram showing inheritance of sex chromosomes ($X^{\wedge}X$, X, and Y)

EMS feed male

$X^{\wedge}X/Y \female \times X/Y \male$

		Sperm	
		X*	Y*
Egg	$X^{\wedge}$ X	$X^{\wedge}X/X^*$ (dies)	$X^{\wedge}X/Y^*$
	Y	X*/Y	Y/Y* (dies)

A diagram showing chromosomes (X,Y*) exposed to EMS mutagens*

Como pode ser visto nos diagramas acima, o uso de cromossomas anexo X (XЛX) em *Drosophila* facilita a pesquisa de mutação ligada ao X. Células espermáticas previamente expostas a 25mM de solução de EMS fertilizam óvulos contendo ou o cromossomo X anexo ou o cromossomo Y. Os cromossomos X tratados dos machos aparecem como os X hemizigotos dos progenitores, revelando mutações fenotípicas recessivas. Isso ocorre na geração Fi, apenas os machos carregarão cromossomos X mutagenizados e são hemizigotos para todos os genes ligados ao X, de modo que mutações recessivas ligadas ao X serão expressas nesses machos Fi. Os indivíduos XAX/X* e Y/Y* não existem.

Nesta sessão de laboratório, você irá receber um grande grupo de descendentes de F i resultantes do acasalamento de machos do tipo selvagem tratados com EMS com fêmeas attached-X. Este grupo de moscas F i deve conter um número de mutantes ligados ao X. Você está em uma busca por mutantes interessantes. Você estará trabalhando em pares, mas toda a classe irá cooperar nessa busca por mutantes, e vocês poderão compartilhar mutantes entre si. Você descobrirá estes mutantes procurando moscas com fenótipos que variam do tipo selvagem. Um exemplo de um tal fenótipo seriam olhos que são de uma cor diferente da cor dos olhos do tipo selvagem, vermelho escuro. Você também pode encontrar moscas que têm asas, cerdas ou outras partes do corpo com aparência anormal. Uma vez que você tenha identificado tantos mutantes interessantes quanto você puder, você os caracterizará.

Equipamentos e Materiais

* Frascos contendo moscas da fruta do tipo selvagem
* Grande grupo de filhotes de moscas virgens fêmeas normais e machos tratados com EMS
* Incubadora
* Anestesiador de voo
* Um cartão branco ou um tampão de papel
* Pincel fino
* Estereomicroscópio ou microscópio de dissecação
* Morgue de moscas
* Ampolas de cultura de mosca vazias
* Funil
* Frascos de vidro ou plástico com tampão de algodão
* Garrafas para cultivar uma grande população de moscas
* Meio de cultura fresco

Procedimentos

Triagem para mutantes

1. Pegue várias estirpes de moscas mutantes, por exemplo, cor dos olhos, cor do corpo e forma das asas, para referir os seus mutantes.
2. Pegue um frasco de cultura contendo a prole F1 de machos do tipo selvagem tratados com EMS acasalados com fêmeas virgens attached-X.
3. Anestesiar as moscas F1 usando um dos anestesiadores disponíveis (éter, Co2 ou resfriamento) até que elas parem de se mover. O procedimento detalhado suplementar será apresentado para um procedimento específico sobre como "carregar" ou usar o anestesiador de mosca.
4. Despeje as moscas anestesiadas do anestesista num cartão de papel branco, e veja-as ou examine-as usando um microscópio de dissecação.
5. Pratique movimentar as moscas no cartão de papel branco com um pincel de pintura fino.

6. Examine as moscas ғᵢ anestesiadas sob estereomicroscópio ou lupa potente e classifique-as de acordo com o sexo e fenótipo. Use a informação da Figura 11 para separar os machos das fêmeas e registe tudo o que observou no seu caderno de notas. Se houver 2 ou mais classes fenotípicas para uma característica em um sexo, consulte seu instrutor antes de fazer a cruz para a geração F2.

7. Procurem machos que mostrem alguma diferença do tipo selvagem. Se você absolutamente não consegue encontrar um mutante, *não se preocupe!* Isto será um esforço de equipe, e você pode conseguir um mutante de outro grupo de estudantes se você precisar ou seu instrutor irá fornecer mutantes adicionais.

8. Uma vez que você se sinta confortável em distinguir os machos das fêmeas, é hora de começar a triagem para moscas mutantes.

9. Seleccione uma amostra aleatória de pelo menos 10 moscas da garrafa e conte cada mosca da amostra para a próxima travessia.

Travessia de Fi para obter F2

1. Toma uma garrafa de meio fresco. Você pode usar uma garrafa contendo alimentos cozidos, tais como fubá de melaço de milho.

2. Certifique-se de que nenhuma mosca vadia tenha entrado nas garrafas e que os lados da garrafa estejam livres de umidade, o que pode aprisionar moscas inconscientes. Se houver humidade nas garrafas, seque-as com uma toalha de papel.

3. Faça os seus cruzamentos entre moscas F1 para produzir a geração F2, adicionando ou colocando 3 a 5 pares de moscas seleccionadas macho e fêmea numa garrafa média fresca.

4. Após a contagem das moscas, coloque uma pequena pitada (10-20 grãos) de levedura no meio fresco. (Não faça isso muito antes do tempo, pois fica pegajoso após a hidratação).

Perguntas

Suponha que você identifica 100 moscas e registra os seguintes dados para a descendência de um cruzamento desconhecido envolvendo uma única característica.

	Male	Female	Total
Wild type	40	30	70
Mutant	15	15	30

1. Se a mutação foi herdada como um simples autossômico recessivo, quais são os possíveis cruzamentos que poderiam ter produzido este padrão de descendência?
2. Se a mutação foi herdada como uma característica recessiva ligada ao sexo, quais são os possíveis cruzamentos que poderiam ter produzido este padrão de descendência?
3. Nesta cruz você esperaria ver uma proporção fenotípica de 3 tipos selvagens para cada 1 tipo mutante, independentemente do sexo da mosca. Será que este resultado esperado se encaixa com os seus dados observados? Use a estatística do qui-quadrado para confirmar.
4. É-lhe dado um cruzamento monoíbrido entre uma mosca da fruta do tipo selvagem e uma mosca mutante chamada "ap" (ap) que carece de asas. Se ambas as moscas são homozigotas, como denotaria a cruz descrita?
5. Com base nos grupos que você selecionou, escreva todos os cruzamentos possíveis que poderiam ter produzido estes descendentes. Lembre-se, uma única característica pode ser herdada num autossoma ou num cromossoma sexual.
6. Determine se a sua mutação ocorre num autossoma ou cromossoma sexual.
7. Desenhe algumas moscas mutantes mostrando claras variações fenotípicas. Use cores para mostrar as variações de cor entre as moscas.

Capítulo 3.Sessão de laboratório #: Nove

Título da experiência: Pontuação de F2 Progenies of *Drosophila* (mosca da fruta)

Objetivo/s: 1. ajudar os alunos a interpretar os resultados da experiência projetada para induzir a mutação.
2. Capacitar os alunos a interpretar os diferentes grupos de progenitores de F2 para o tipo de mutação que apresentaram.
3. Para que os alunos possam determinar se as mutações que identificaram são transmissíveis.
4 Para permitir aos alunos determinar se existem ligações e complementação entre os genes mutantes.

Introdução

Os cruzamentos feitos entre dois progenitores de raça pura contrastantes são esperados para produzir descendentes híbridos de F1. Estes progenitores expressariam apenas as características de um dos progenitores a partir do pressuposto que um dos caracteres contrastantes é dominante sobre o recessivo e que os dois genes não estão ligados. Os progenitores de F1 (fazendo cruzamentos entre irmãos) darão oportunidade aos alelos recessivos de se agregarem à forma homozigotos recessiva durante a fertilização.

No entanto, a possibilidade de ocorrência de tal agregação pode depender da presença de um sortimento independente e da travessia durante o processo de formação do gamete. Por exemplo, um cruzamento entre dois pais de raça pura, onde um é (+/+, +/+) e o outro é (olho/olho, eb/eb) produziria uma geração F1, todos eles são duplamente heterozigóticos (+/ey, +/eb) e um tipo fenótipo. Neste caso, a cor do corpo sem olhos (olho) e a cor do corpo negro de éb (eb) são mutações recessivas. Se estes F1s são então auto-denominados (+/ey, +/eb) x (+/ey, +/eb), e os dois genes se classificam independentemente, então os F2s devem se enquadrar nas quatro categorias fenotípicas seguintes: 9 selvagens, selvagens; 3 selvagens, ébanos; 3 sem olhos, ébanos; e 1 sem olhos, ébanos. Na geração F1 podemos pontuar duas moscas em uma categoria apenas com base em sua similaridade fenotípica, mas na verdade elas são diferentes em genótipo. Da mesma forma, duas mutações que resultam no mesmo fenótipo podem estar no mesmo gene ou em genes diferentes. Se as mutações estiverem no mesmo gene o fenótipo será mutante e se estiverem em genes diferentes o fenótipo será do tipo selvagem por causa dos genes de complementação. Portanto, antecipando a obtenção do acima da razão mendeliana pode não ser sempre verdade. Por exemplo, o cruzamento entre e/e b+/b+ e e+/e+ b/b (cor cor preta do corpo x cor preta do corpo) pode resultar em F2 com o genótipo e+/e b+/b e a cor do corpo do tipo selvagem que é amarelo cinzento. Ver figura 12 para entender a situação em diagrama.

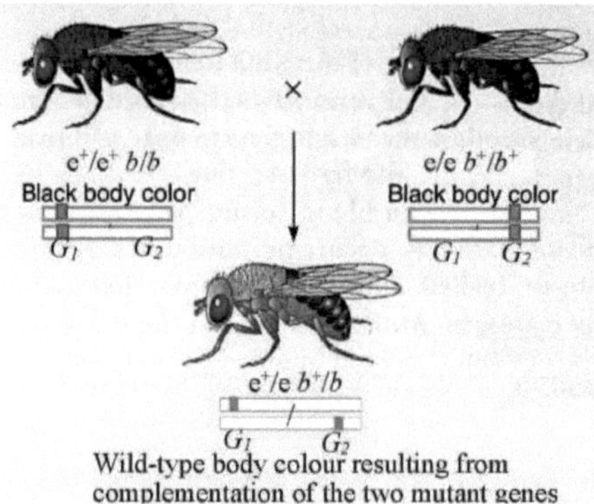

Figure 12. A crossing between two black-body mutants for complementation

Então agora você sabe o que uma mosca do tipo selvagem e várias moscas mutantes parecem fenótipo, mas isso realmente não nos diz quais são seus genótipos porque genótipos diferentes podem expressar fenótipos semelhantes. Para determinar os genótipos parental e progenitor, é necessário um pouco de trabalho de detective, uma vez que existem vários cruzamentos parentais possíveis.

Que situação determinou as frequências ou proporções dos descendentes de F2 para os fenótipos e genótipos pode ser determinada através da análise do desvio entre os rácios observados e esperados dos descendentes para os caracteres considerados. Ou, se os genes mutantes estiverem ligados, não serão produzidos em igual número. Duas das classes terão menos descendência do que o previsto e duas serão enriquecidas. As duas classes menores são os descendentes recombinantes porque representam descendentes que receberam gâmetas do pai de F1 que se recombinaram (foram submetidos ao cruzamento) durante a meiose.

Equipamentos e Materiais

* Um frasco contendo moscas da fruta do tipo selvagem
* Um grande grupo de descendentes de F2 resultantes da auto-estima de F1
* Anestesiador de voo
* Um cartão branco ou um tampão de papel

* Um pincel de pintura fino
* Estereomicroscópio ou microscópio de dissecação
* Voar morgue para despejar moscas anestesiadas

Procedimento

O procedimento que você deve seguir para fazer esta experiência é similar ao procedimento que você usou para a sessão de laboratório # Oito. Na verdade você classificaria as progênies de F2 nesta sessão de laboratório em vários grupos, já que traços mascarados em F1 seriam capazes de se expressar na geração F2. A outra coisa que você não fará nesta sessão de laboratório é que você não fará mais cruzamento, a menos que seu instrutor planejasse continuar o mapeamento de alguns genes com base na mutação registrada de gerações futuras.

Perguntas

1. Explique quais das suas mutações são transmissíveis.
2. Explique quais das mutações transmissíveis são dominantes ou recessivas, bem como as ligadas ao X ou autossómicas.
3. Como é que são as moscas macho? E as moscas fêmeas?
4. Alguma das moscas exibe o fenótipo mutante que você identificou na sessão de laboratório # Eight?
5. A partir dos seus resultados, você encontrou um novo fenótipo que não foi pontuado em F1?
6. Você pode determinar se esta mutação é dominante ou recessiva?

Sessão de laboratório #: Dez

Título da experiência: Cariotipagem Cromossómica Humana

Objectivo(s): 1. permitir aos alunos diferenciar o conjunto completo de cromossomas humanos do conjunto incompleto;

2. Permitir aos alunos agrupar cromossomas homólogos usando diferentes morfologias, tais como tamanho, posições centrômeros, padrões de bandagem e outros;

3. Capacitar os alunos a caracterizar indivíduos portadores de números anormais específicos de cromossomas com um tipo de síndrome.

Introdução

O cariotipagem é um teste para examinar cromossomas numa amostra de células, que pode ajudar a identificar problemas genéticos como a causa de um distúrbio ou doença. Este teste pode: Contar o número de cromossomas e procurar por alterações estruturais nos cromossomas. Alterações numéricas podem ser resultantes de aneuploidia ou poliploidia e alterações estruturais podem ser resultantes de deleção, adição, inserção, inversão ou translocação. Algumas das síndromes bem conhecidas associadas com anormalidades cromossômicas são descritas abaixo com seus nomes os cromossomos que mostram anormalidade:

1. Síndrome de Down (Trissomia do cromossomo 21);
2. Síndrome de Edward (Trissomia 18);
3. Síndrome de Patau (Trissomia do cromossomo 13);
4. Síndrome da trissomia do cromossoma 9;
5. Síndrome de Turner (45,X);
6. Síndrome de Klinefelter (47,XXY); e
7. Outros

Nota: *Os sintomas apresentados pelos indivíduos estão enumerados no Anexo 7.*

As anomalias cromossómicas contribuem significativamente para a doença genética. Este impacto é visto em várias populações humanas no efeito sobre o feto ou indivíduo directamente ou na capacidade de produzir descendência saudável. As anomalias autossômicas são geralmente mais

prejudiciais do que as anomalias cromossómicas sexuais envolvendo cromossomas inteiros ou microdeleções subtis podem resultar em síndromes clinicamente anormais.

Um cariótipo pode mostrar aos futuros pais se eles têm certas anormalidades que podem ser transmitidas à sua prole, ou pode ser usado para aprender a causa da deficiência de uma criança. O cariótipo é útil para diferenciar os membros de uma espécie das outras espécies. Os seguintes critérios devem ser considerados quando alguém define um cariótipo.

    1. Tamanho cromossómico
absoluto

        a. Metacêntrico
        b. Sub-metacêntrico

        c. Acrocêntrico
        d. Telocêntrico

1. Tamanho cromossómico absoluto
2. Posição de centrômero, como por exemplo:
        a. Metacêntrico

b. Sub-metacêntrico

3. Tamanho relativo do cromossoma (pequeno, médio, grande ou mistura)
4. Número básico de cromossomas
5. Número e posição dos cromossomas de satélite, se presentes
6. Grau e distribuição da região heterocromática
7. Grau e distribuição das sequências repetitivas de ADN

O teste pode ser realizado em quase qualquer tecido, inclusive:

a. Fluido Amniótico Marrow

b. Sangue

c. Osso

d. Tecido do órgão que se desenvolve durante a gravidez para alimentar um bebé em crescimento (placenta)

Equipamentos e Materiais

1. Tesoura
2. Fita Adesiva
3. Governador
4. Folha de papel em branco

Procedimento

1. Usando as folhas em anexo, complete seis cariótipos diferentes: Um macho normal, uma fêmea normal e quatro com distúrbios diferentes.
2. Usando uma tesoura, corte o cromossoma em uma página rotulada "1" e encontre a sua 'correspondência EXATA em outro lugar na página. Cortar este cromossoma e fita adesiva AMBOS os cromossomas lado a lado em uma "página de dados" ou folha em branco.
3. Continuar este procedimento até que você tenha igualado todos os cromossomas e gravado cada um deles no local correspondente na página de dados.
4. *Não cortar todos os cromossomas de uma só vez.* Recorte apenas um de cada vez para não perder cromossomas.
5. Caso você tenha um cromossomo a mais, **não o jogue fora!** É o cromossoma que causa a sua mutação/desordem e você deve combiná-lo corretamente.
6. Uma vez todos os seus cromossomas cortados e incluídos nos cariótipos, responda às perguntas e complete o laboratório.

Chromosome picture # 1

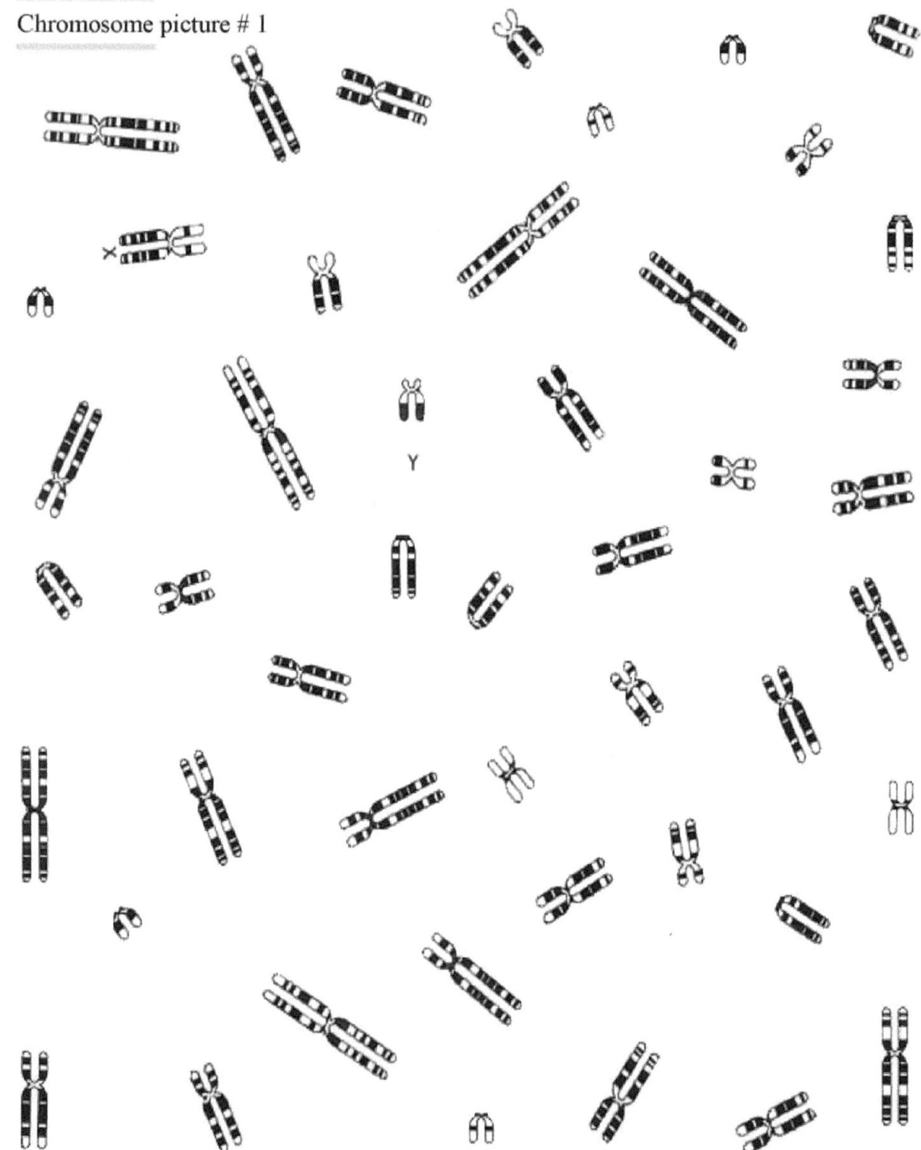

Chromosome picture # 2

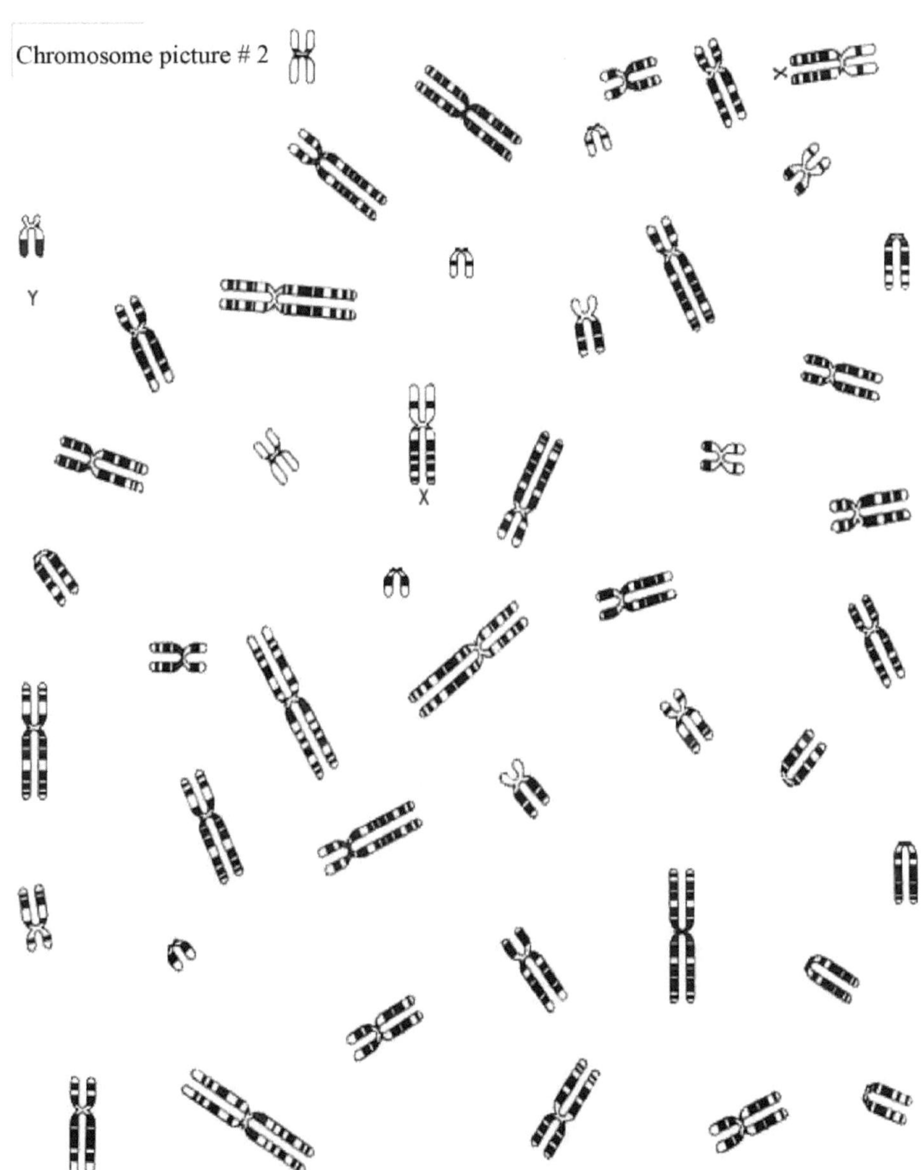

Chromosome picture # 3

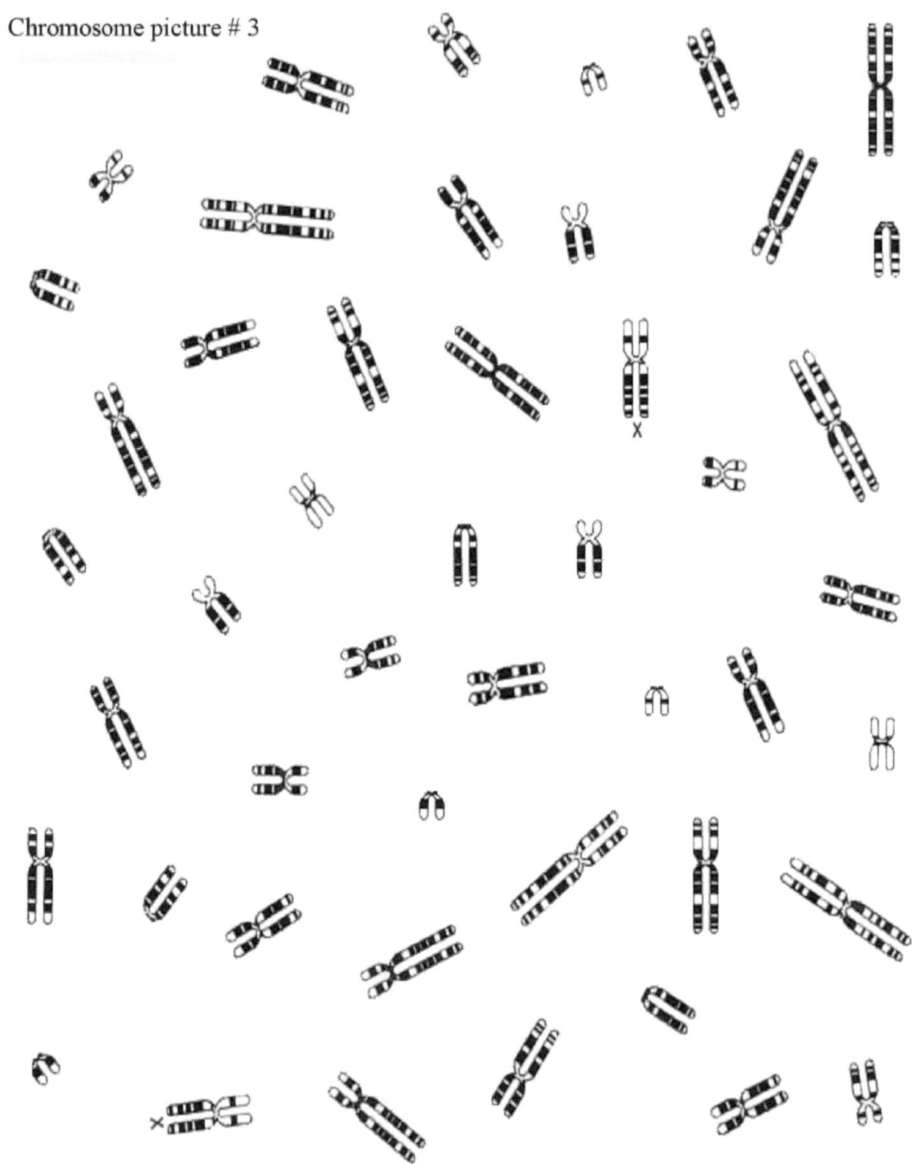

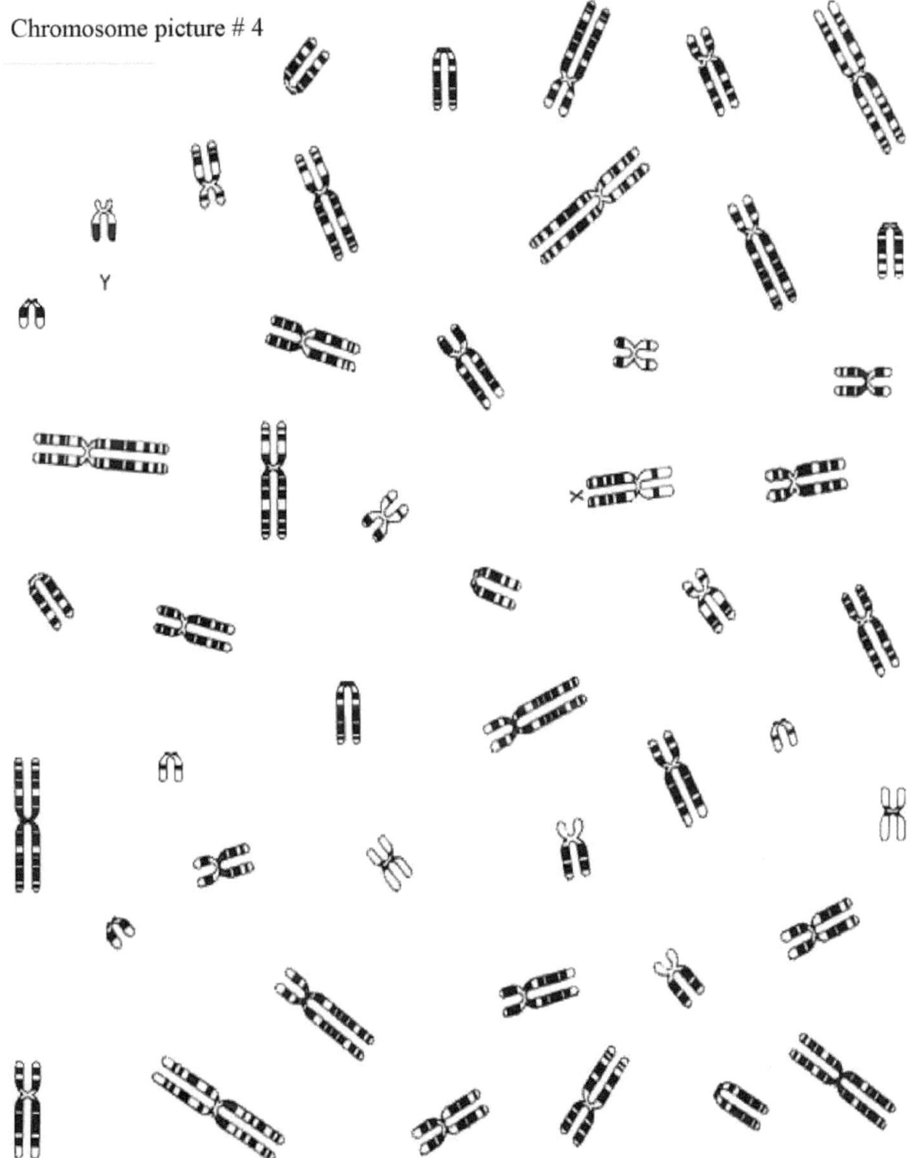

Y
X

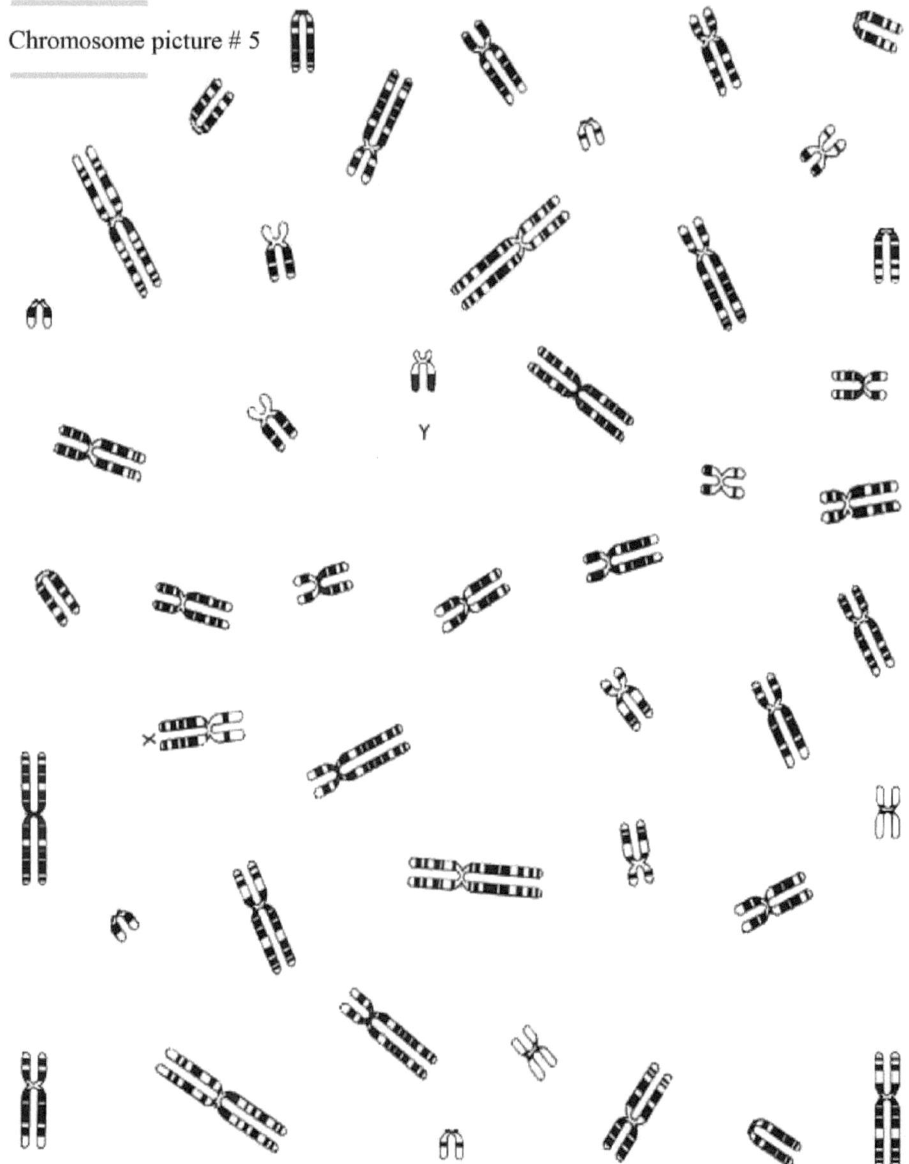
Y
X

Chromosome picture # 6

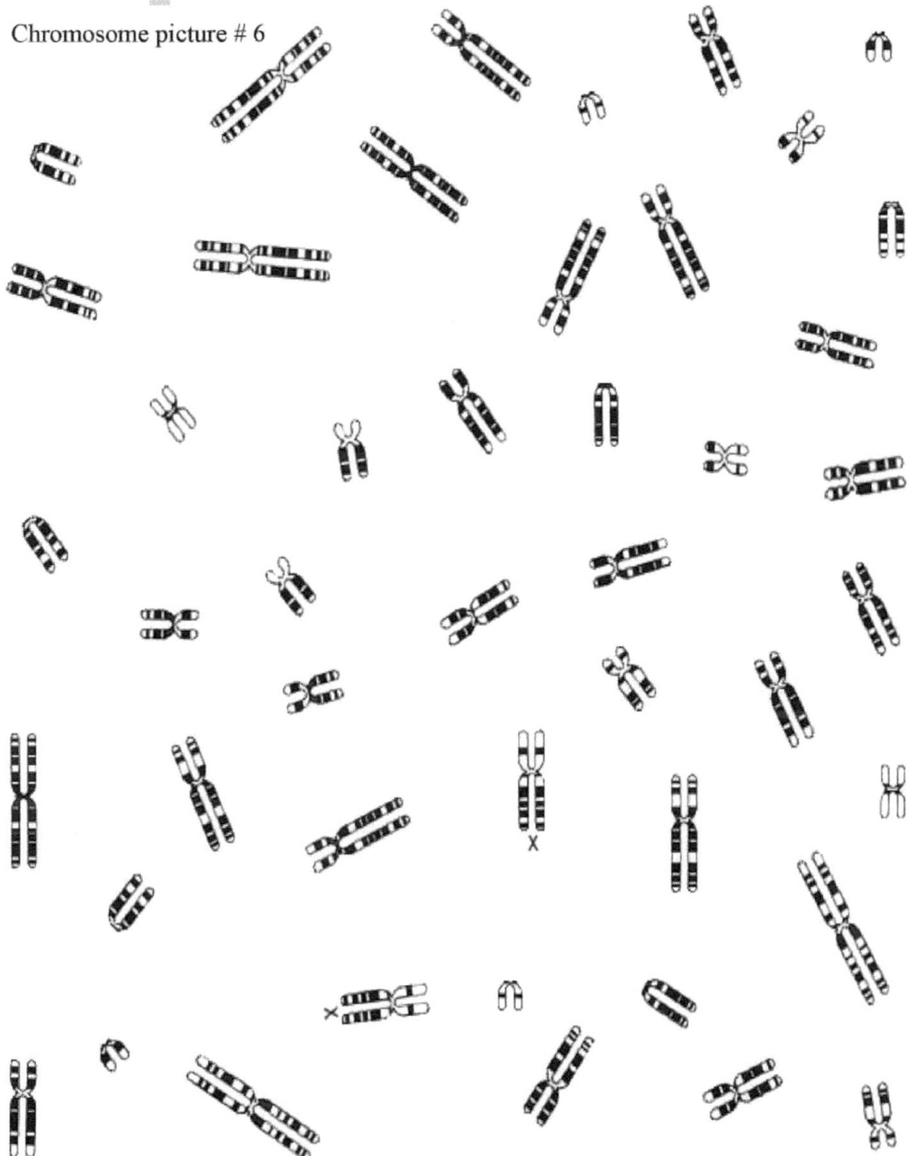

Perguntas

1. Em que cariótipo (foto) você escolheu trabalhar?
2. Como você poderia determinar se o seu cariótipo era masculino ou feminino?
3. Como você poderia determinar se o seu cariótipo era de um número cromossômico normal ou anormal?

4. Preencha os seguintes espaços em branco.

Kariótipo #1

Número de cromossomas:

O que é o sexo?_______________________
O indivíduo é normal ou mutante
(sublinhar ou *normal* ou *mutante)*

____

Kariótipo #2

Número de cromossomas:

O que é o sexo?_______________________
O indivíduo é normal ou mutante
(sublinhado ou *normal* ou *mutante)* Se
mutante, nomeie a desordem abaixo:

____

Kariótipo #3

Número de cromossomas:

O que é o sexo?_______________________
O indivíduo é normal ou mutante
(sublinhar ou *normal* ou *mutante)*
Se tiver sofrido uma mutação, diga o

____

Kariótipo #4

Número de cromossomas:

O que é o sexo?_______________________
O indivíduo é normal ou mutante
(sublinhar ou *normal* ou *mutante)*
Se tiver sofrido uma mutação, diga o

____

Kariótipo #5

Número de cromossomas:

O que é o sexo?_______________________
O indivíduo é normal ou mutante
(sublinhar ou *normal* ou *mutante*)
Se tiver sofrido uma mutação, diga o

Kariótipo #6

Número de cromossomas:

O que é o sexo?_______________________
O indivíduo é normal ou mutante
(sublinhar ou *normal* ou *mutante*)
Se tiver sofrido uma mutação, diga o

Capítulo 4. Sessão de laboratório #: Onze

Título da experiência: Genéricos da População

Objectivo(s):
1. permitir aos alunos determinar as frequências dos alelos para uma determinada característica nas populações humanas;
2. Permitir aos alunos diferenciar os caracteres humanos observáveis controlados por simples interações genéticas daqueles controlados por complexas interações genéticas e com o meio ambiente;
3. Permitir aos alunos prever os fenótipos e genótipos das crianças a partir de genótipos e fenótipos conhecidos dos pais; e
4. Para permitir aos alunos decidir se as frequências alélicas e genotípicas das populações experimentais com suposições de Equilíbrio de Hardy-Weinberg são constantes de geração em geração.

Introdução

A genética populacional é o estudo da distribuição e da mudança na frequência dos alelos dentro das populações. Uma população sexual é um conjunto de organismos em que qualquer par de membros pode procriar livremente juntos. Os estudos em genética populacional como ramo da biologia examinam fenômenos como adaptação, especiação, subdivisão populacional e estrutura populacional.

Os trabalhos de Fisher (variação contínua medida pelos biometristas poderiam ser produzidos pela ação combinada de muitos genes discretos, e que a seleção natural poderia mudar as frequências dos alelos em uma população), Haldane (contribuições inovadoras para os campos da estatística e da bioestatística, demonstrou a ligação genética e ajudou a criar a genética populacional - a teoria matemática da genética populacional), Wright (a deriva genética e a consanguinidade poderiam afastar uma pequena subpopulação isolada de um pico adaptativo e permitir que a selecção natural a conduzisse para diferentes picos adaptativos), e outros cientistas fundaram a disciplina da genética populacional. Estudos recentes de elementos transponíveis eucarióticos, e do seu impacto na especiação, apontam novamente para um papel importante de processos não adaptativos como a mutação e a deriva genética. A mutação e a deriva genética também são vistas como fatores importantes na evolução da complexidade do genoma.

O estudo da frequência e distribuição de traços com genótipos na população humana teria pelo menos os seguintes objectivos gerais: (1) confirmação por experimento de previsões teóricas derivadas de modelos baseados em fenômenos genéticos previamente conhecidos; (2) uma descrição adequada do potencial genético da população; (3) uma extensão de conceitos conhecidos para uma síntese de princípios populacionais mais amplos através de testes experimentais de ação e interação de genes, relação das forças ecológicas com a aptidão e genótipos darwinianos, determinação genética de mecanismos fisiológicos, traços comportamentais e outras relações genótipo-fenótipo, especialmente com o objetivo de contabilizar a origem e manutenção do potencial genético da população; e (4) a descoberta de novos fenômenos genéticos populacionais.

Os caracteres de uma população podem ser a expressão de muitos alelos de vários genes - interação complexa, ou dois ou mais alelos de um gene - interação simples. Na verdade, ambas as formas de interação poderiam co-interagir com seu ambiente e o resultado poderia ser diferente. Neste experimento, você irá estudar alguns traços da população humana que se espera que sejam controlados por alelos de um ou mais genes, mas fenotípicamente observáveis. Cerca de dez traços humanos visíveis são explicados abaixo para os seus aspectos teóricos. Mas com base na disponibilidade de material, tempo e menos complexidade para sua expressão fenotípica, você lidará com poucos deles para um experimento.

1. Língua rolante e dobrável: a capacidade de rolar a língua para cima dos lados, e a dobra da língua da ponta para dentro sem a ajuda de dentes. O enrolar e dobrar da língua não tem nenhuma vantagem ou desvantagem anatómica ou fisiológica óbvia. A capacidade de rolar e dobrar a língua é dominante. Muitas fontes afirmam que o rolar da língua é controlado por um único gene e o rolar é dominante sobre o desenrolar. Contudo, há observações que mostram que as pessoas podem aprender a enrolar a língua à medida que envelhecem, o que sugere que os factores ambientais também influenciam o traço. De acordo com esta visão, os pesquisadores descobrem que 70% dos gêmeos idênticos compartilham o traço, mas se o rolamento da língua fosse influenciado apenas por genes, então 100% dos gêmeos idênticos compartilhariam o traço. Veja os seguintes números para distinguir aqueles capazes de rolar e dobrar a língua daqueles incapazes de rolar e dobrar a língua:

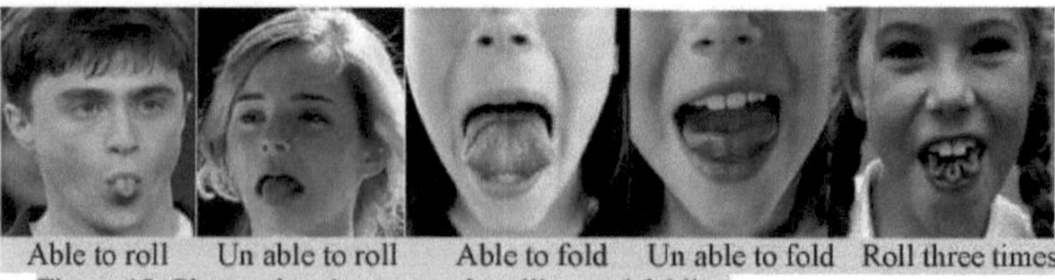

Figure 13. Photos showing tongue's rolling and folding

Veja a última foto com três vezes de dobra dos lados como rolamento especial.

2. Cabelo médio-digital: presença de pêlos na articulação do meio do dedo. Na verdade, o termo "pêlos da falange média" seria mais preciso, pois "pêlos do meio-digital" implica pêlos no dedo médio. Algumas pessoas têm cabelo na segunda articulação (média) de um ou mais dos dedos, enquanto outras não têm. Ter qualquer cabelo mesmo em um dedo significa que você tem o fenótipo dominante representado pelos genótipos *H* e a ausência completa de cabelo é o fenótipo recessivo representado pelo *hh*

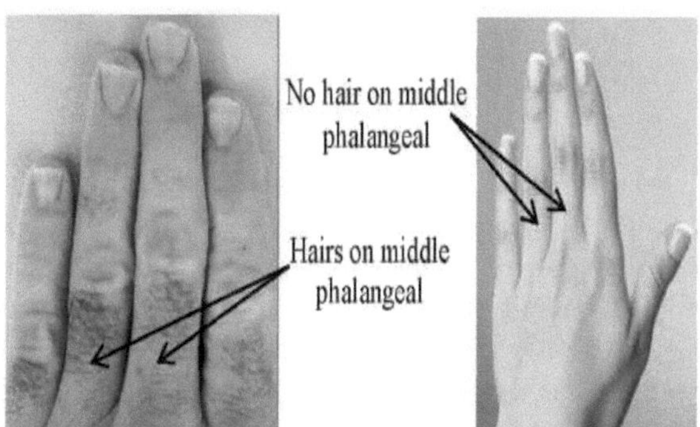

Alguns cientistas apontaram as dificuldades em marcar este traço: os pêlos podem estar nos quatro dedos, ou apenas num, e podem variar de numerosos e grossos a escassos e muito finos. Em alguns casos, os folículos capilares estão presentes, mas não há pêlos visíveis, o que a maioria dos investigadores contava como tendo pêlos. Os pêlos são mais comuns no dedo anelar, depois no dedo médio e no dedo mindinho, mas raros no dedo indicador. Os pesquisadores relataram que o cabelo médio-digital estava presente em cerca de metade das mulheres com menos de 21 anos, com uma porcentagem ligeiramente maior nos homens, mas menos de 20% das mulheres com mais de 21 anos tinham cabelo médio-digital. Eles sugeriram que o trabalho doméstico desgastou o cabelo médio-digital e os folículos capilares, o que complicaria o seu uso como um traço genético. De um estudo em dedos de 28 pares de gêmeos idênticos, um par em que um gêmeo tinha cabelo médio-digital, enquanto o outro não tinha. Esta é uma evidência de que o traço é afetado pelo meio ambiente, bem como pela genética.

3. Forma da linha do cabelo: se a sua linha do cabelo formar um ponto distinto com forma de "V" para baixo no centro da testa (note que isto é distinto da calvície padrão nos homens), você tem um *pico de viúva*. Se não, você tem uma *linha de cabelo lisa*. Veja as figuras da Figura 15 abaixo:

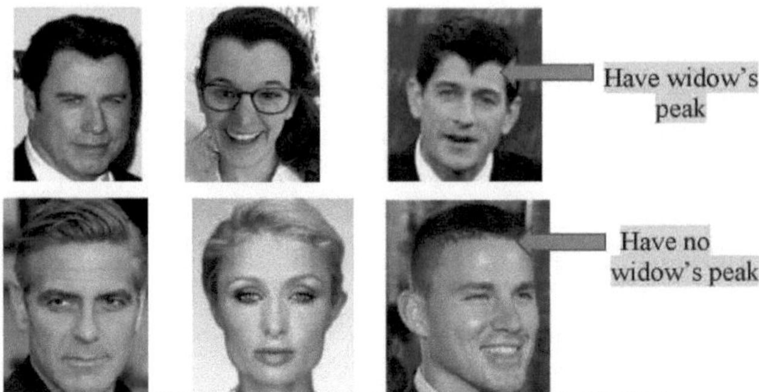

Figure 15. Types of hairline shape – widow's peak and straight hairline.

Este termo foi originalmente usado porque se pensava que este tipo de linha de cabelo indicava que uma mulher viveria mais do que o marido. A forma lembrava o observador de um estilo de penteado usado por uma mulher em luto. Apesar do nome, tanto homens como mulheres podem ter a linha do cabelo de uma viúva. Algumas fontes dizem que o pico da viúva é uma característica dominante controlada por um gene; no entanto, não há nenhum estudo científico que apóie esta afirmação. Mas enquanto a forma da linha do cabelo tende a correr em famílias, seu padrão de herança é geralmente imprevisível e o traço é contínuo. Estes sugerem que vários genes estão envolvidos na forma da linha do cabelo. Outro facto é que o pico da viúva é provavelmente controlado por genes e não pelo ambiente.

4. Lóbulo da orelha preso: se os lóbulos da orelha estiverem soltos, eles são desprendidos. Se eles se conectam diretamente aos lados da cabeça, eles são anexados. A maioria dos

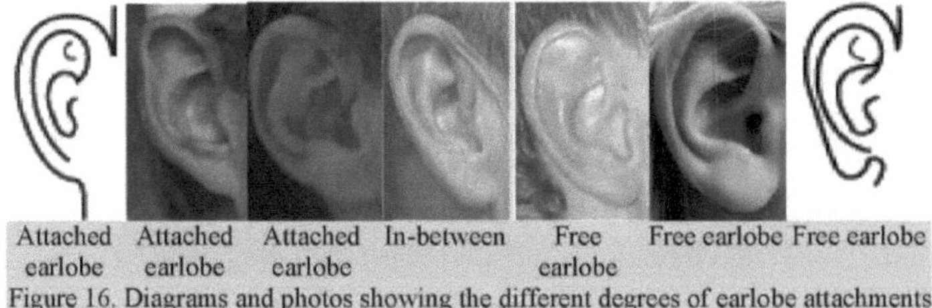

Figure 16. Diagrams and photos showing the different degrees of earlobe attachments

lóbulos da orelha pode ser classificada como presa ou solta (solta) e alguns estão no meio.

Embora algumas fontes digam que esta característica é controlada por um único gene, com os lóbulos da orelha soltos ou livres sendo dominantes sobre os lóbulos da orelha anexados, nenhum estudo publicado apóia esta visão. A ligação dos lóbulos da orelha é herdada, mas é provável que muitos genes contribuam para esta característica. Isto pode implicar que o apego ao lóbulo da orelha é controlado por mais de um gene e é um traço contínuo que é difícil prever o seu padrão de herança.

5. PCT Tasting: a capacidade de provar o produto químico ˢ
   feniltiocarbamida (PTC). Para cerca de 75% de nós, o químico PTC tem um sabor muito amargo. Para os outros 25%, é insípido. A capacidade de provar PTC é controlada principalmente por um único gene que |l codifica para um receptor de sabor amargo na língua. Diferente
variações, ou alelos, deste controle genético, quer o PTC tenha sabor amargo ou não. A capacidade de provar o PTC é uma característica dominante. Coloque um pedaço de papel de PTC na parte de trás da língua. Se você conseguir detectar este produto químico, ele terá um sabor amargo. Se o papel não tiver um sabor desagradável para você, então você é recessivo para este traço. A degustação de PTC segue um padrão muito previsível de herança. Veja as figuras 17a e 17b para a sensação de sabor positivo e padrões de herança.

Como a degustação é dominante se você tiver pelo menos uma cópia da versão de degustação do gene, você pode provar o PTC. Os não provadores têm duas cópias do alelo não provador.

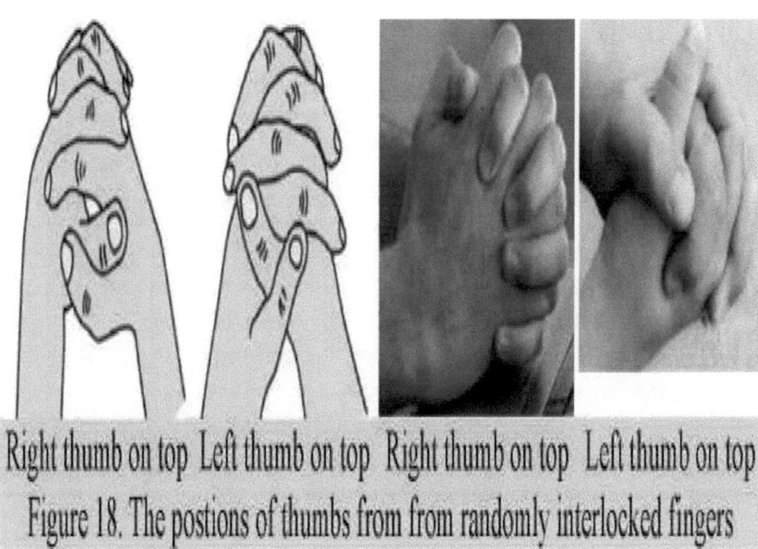

Figure 18. The postions of thumbs from from randomly interlocked fingers

6. Aperto de mão: a condição que mostra qual polegar está em cima - o polegar da mão esquerda ou da mão direita quando você dobra as mãos, encravando os dedos sem pensar

5. PCT Tasting: a capacidade de provar a feniltiocarbamida química (PTC). Para cerca de 75% de nós, o produto químico PTC tem um sabor muito amargo. Para os outros 25%, é insípido. A capacidade de provar o PTC é controlada principalmente por um único gene que codifica um receptor de sabor amargo na língua. Diferente variações, ou alelos, deste controle genético, quer o PTC tenha sabor amargo ou não. A capacidade de provar o PTC é uma característica dominante. Coloque um pedaço de papel de PTC na parte de trás da língua. Se você conseguir detectar este produto químico, ele terá um sabor amargo. Se o papel não tiver um sabor desagradável para você, então você é recessivo para este traço. A degustação de PTC segue um padrão muito previsível de herança. Veja as figuras 17a e 17b para a sensação de sabor

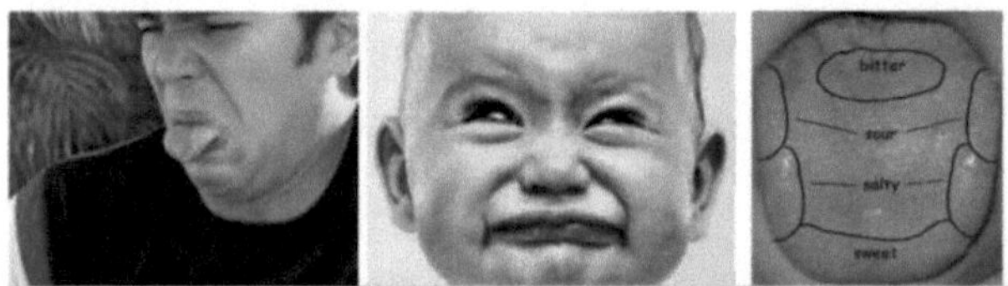

Figure 17a. Facial expression when sensing the tast of PTC and Tast areas on tongue

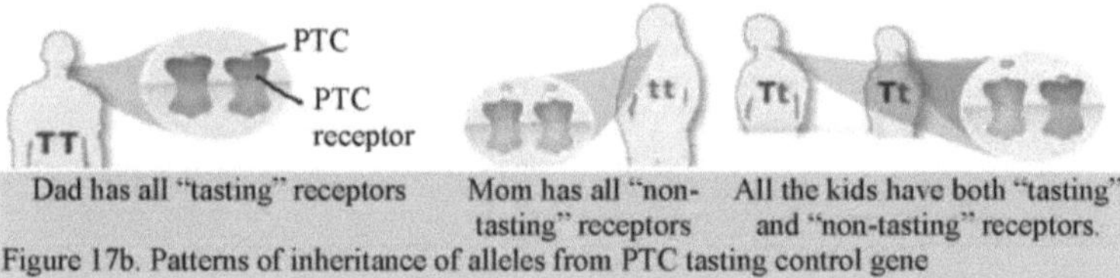

Figure 17b. Patterns of inheritance of alleles from PTC tasting control gene

sobre isso. Um estudo descobriu que 55% das pessoas colocam o polegar esquerdo em cima, 45% colocam o polegar direito em cima, e 1% não têm preferência. Um estudo de gêmeos idênticos concluiu que o fecho das mãos tem uma forte base genética, uma vez que a maioria dos gêmeos compartilha o traço, mas não se encaixa num padrão de herança previsível.

Portanto, provavelmente é afetado por múltiplos genes, bem como por fatores ambientais. Para sua simples compreensão, veja os números abaixo:

A manipulação é determinada por um único gene. No entanto, existem observações de que mesmo gémeos idênticos têm preferências diferentes sobre como apertar as mãos,

7.

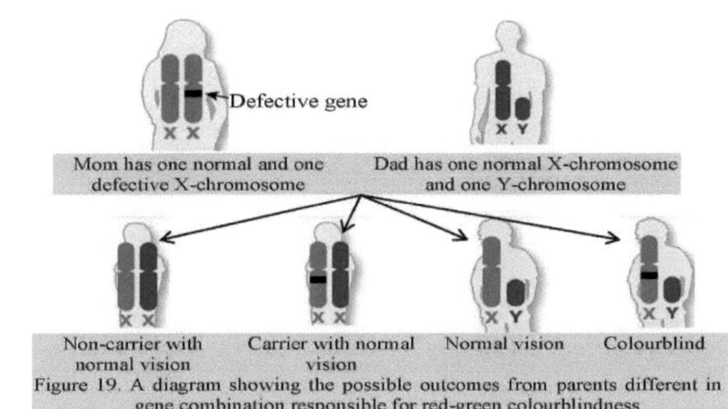

Figure 19. A diagram showing the possible outcomes from parents different in gene combination responsible for red-green colourblindness

A daltonismo vermelho-verde segue um padrão de herança recessivo muito previsível, ligado ao sexo. Uma mulher com uma cópia defeituosa do gene e uma cópia funcional, embora ela mesma não seja daltônica, é conhecida como uma "portadora". Ela tem 50% de chance de passar a cópia defeituosa para cada um de seus filhos. Metade dos seus filhos serão daltônicos, e metade das suas filhas serão portadoras.

8. Cor dos olhos: As cores dos olhos dependem da quantidade de pigmento (melanina) encontrada na íris e da forma como é distribuída. Os olhos cinzentos claros e azuis contêm muito menos pigmento do que os olhos castanhos extremamente escuros. E há muitas tonalidades de cor dos olhos no meio. Embora existam muitas cores de olhos diferentes, existem surpreendentemente poucos tipos de pigmentos oculares. Na verdade, quase todas as cores dos olhos são determinadas pela quantidade de pigmento de cor castanha chamada melanina que está contida nas células da íris. Em geral, as íris pigmentadas castanhas são dominantes. A ausência de pigmento castanho resulta em olhos azuis, o que é recessivo. A cor dos olhos, a avelã ou verde é o resultado de um segundo gene que produz um pigmento amarelo. As avelãs têm tanto o pigmento de íris castanho como o amarelo, enquanto os olhos verdes têm tanto o íris azul recessivo como o pigmento amarelo dominante. Nas versões mais simplificadas das tabelas de cor dos olhos, os olhos castanhos são considerados dominantes tanto sobre os olhos azuis como sobre os verdes. E os olhos verdes são considerados como dominantes sobre os olhos azuis. As percentagens de cor dos olhos variam de acordo com a população estudada. Obviamente, a percentagem de olhos castanhos escuros encontrada nas populações asiáticas e africanas será muito mais elevada do que nas populações europeias.

E um dia, o azul pode ser uma cor rara para os olhos, uma vez que agora mais pessoas seleccionam companheiros fora dos grupos culturais e étnicos habituais, e quando uma pessoa de olhos castanhos casa com alguém de olhos azuis, é mais provável que os descendentes herdem os olhos castanhos mais dominantes.

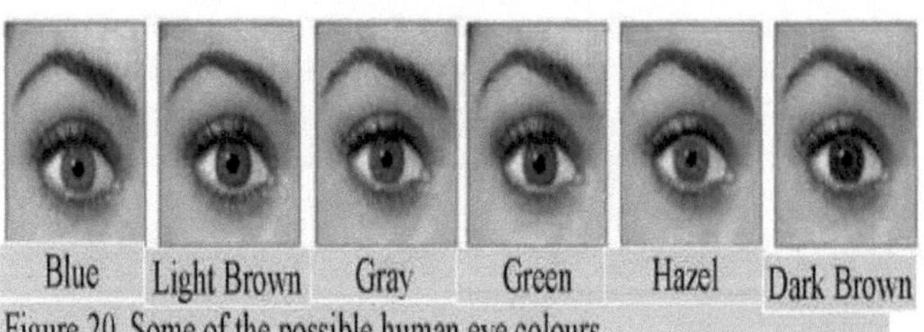

Figure 20. Some of the possible human eye colours

Embora os conceitos acima geralmente sejam verdadeiros, a genética de como as cores dos olhos são herdadas acaba por ser muito mais complicada do que se pensava. A genética tem um papel na determinação da cor dos olhos. Mas é quase impossível prever com 100% de certeza a cor dos olhos de uma criança simplesmente por conhecer a cor dos olhos dos seus pais. Isto porque muitos genes diferentes estão envolvidos na herança da cor dos olhos, e diferentes interacções e níveis de expressão destes genes podem alterar os resultados da cor dos olhos. Fator adicional também envolve na determinação da cor dos olhos, especialmente diferentes tonalidades de olhos verdes e azuis. Quando a luz atinge a íris e os melanócitos contendo pigmentos dentro da íris, essa luz é espalhada e refletida. Este fenómeno, chamado dispersão de Rayleigh, pode produzir diferentes cores reflectoras, dependendo da estrutura física da íris e da quantidade de melanócitos e densidade de melanina dentro dos melanócitos. Dependendo destas variáveis, a dispersão de Rayleigh (que é o mesmo fenômeno que faz um céu sem nuvens parecer azul) pode produzir diferentes tonalidades de azul, verde, aveleira, etc. A iluminação, maquilhagem e a cor da roupa que uma pessoa usa também pode mudar a cor de um olho individual de vez em quando. Portanto, não se pode simplesmente determinar a cor dos olhos dos avós e dos pais e depois calcular as probabilidades da cor dos olhos de um bebé. Na verdade, você pode pertencer a uma família com muitas gerações de indivíduos de olhos castanhos e ainda acabar com os olhos verdes ou azuis. Ao contrário da crença popular, também é possível que dois pais de olhos azuis tenham uma criança de olhos castanhos. Algumas pessoas até nascem com olhos de duas cores diferentes, uma condição conhecida como heterocromia. Para os nossos propósitos, avaliar apenas a presença ou ausência de pigmento castanho.

9. Hitch hiker's Thumb: A capacidade de dobrar o polegar para trás pelo menos 45o. Mas é completamente arbitrária onde se traça a linha entre o reto e

polegares angulosos ou dobrados. Geralmente, os polegares não se enquadram em duas categorias distintas, e o traço não é controlado por um único gene.

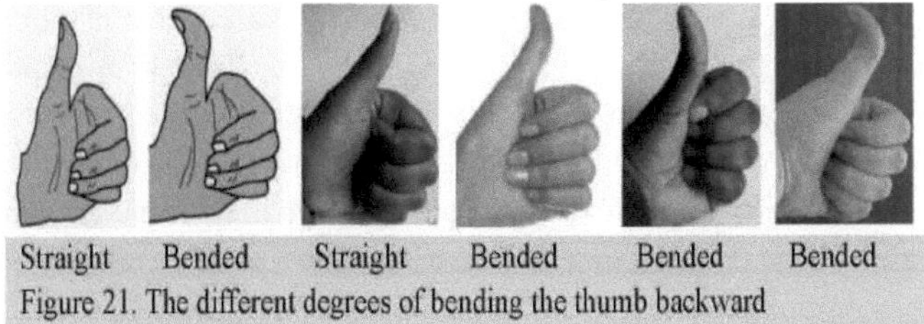

Figure 21. The different degrees of bending the thumb backward

Se a lenda é verdadeira que o polegar reto ou dobrado (hitch hiker's) se reduz a uma variação de dois alelos em um único gene e ter o polegar reto é dominante, dois pais com o polegar de hitchhiker não poderiam ter um filho com um polegar reto. Alguns estudiosos dizem que não pode haver uma definição clara de um polegar de carona porque a flexibilidade do polegar varia dramaticamente de pessoa para pessoa. Mesmo dois polegares de um indivíduo têm diferentes graus de flexão. Além disso, segundo relatos, pais com polegares dobrados podem produzir crianças com polegares retos. Não há uma conclusão clara sobre qual característica (polegar reto ou dobrado) é dominante.

10. Comprimento relativo do dedo grande do pé (Hallux): se o seu dedo grande do pé é mais curto que o segundo, você é dominante para esta característica. Em humanos, o dedo grande do pé (hallux), geralmente é mais longo ("L" para hallux mais longo) do que o segundo (ponteiro) do pé, mas em alguns indivíduos, é mais curto ("S" para hallux mais curto) do que o segundo dedo do pé. É um traço herdado, onde o gene dominante causa um segundo dedo do pé mais longo (ponteiro) enquanto o genótipo homozigoto recessivo apresenta um hálux mais longo, que é o traço mais comum. Por vezes diz-se que isto é controlado por um gene com dois alelos, com o alelo para S dominante ao alelo para L. na verdade não há boas evidências para esta sugestão porque um pequeno número de estudos

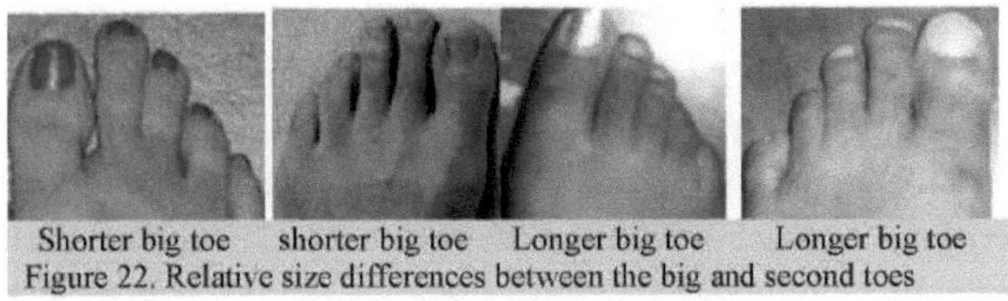

Figure 22. Relative size differences between the big and second toes

de comprimento do dedo do pé dão resultados contraditórios.

Como você pode ver na Figura 22, o comprimento relativo dos dedos grandes e dos segundos dedos varia continuamente; não há apenas duas categorias de comprimento dos dedos dos pés. Alguns estudos descobriram que cerca de 5% das populações amostradas têm o dedo grande do pé e o segundo dedo do pé de comprimento igual. E outros estudos mostraram que o dedo grande e o segundo dedo do pé tinham o mesmo comprimento em apenas 0,1% das pessoas. O mesmo estudo também disse que cerca de 6% das pessoas tinham o dedo grande do pé mais longo em um pé e o segundo dedo do pé mais longo no outro pé. Isso é mesmo a partir de um pé individual há variação no comprimento entre o comprimento do dedo grande e do segundo dedo do pé, um de um pé e o outro do segundo pé. Estudos com gêmeos mostraram que de 63 pares de gêmeos monozigóticos, nenhum tinha um gêmeo L e um S, enquanto 11 de 44 pares de gêmeos dizigóticos tinham um L e um S gêmeo. Isto indica claramente uma forte influência genética sobre esta característica, embora não indique se o comprimento dos dedos dos pés é controlado por um ou mais genes. A partir de vários estudos, incluindo estes é possível concluir se o dedo grande do pé é mais longo ou mais curto do que o segundo é influenciado pela genética, mas pode ser determinado por mais de um gene, ou por uma combinação de genética e ambiente. Portanto, não se deve usar o comprimento do dedo do pé para demonstrar a genética básica.

Equipamentos e Materiais

1. Tabela de cores concebida para saborear a coloração.
2. Tabela de cores para a cor dos olhos
3. PTC papers.
4. Contas coloridas ou moedas mascaradas ou rotuladas por fitas adesivas de cores diferentes.
5. Recipiente de missanga opaca

Procedimentos

Parte I. Determinação do genótipo e fenótipo de um indivíduo para uma determinada característica, e as frequências de alelos de uma característica num conjunto de alunos

1. Pegue o número total de alunos da classe que se espera que seja a contribuição de diferentes grupos étnicos no país. É possível utilizar os dados da sua turma para determinar as frequências de alelos para traços genéticos comuns. Vários traços humanos são determinados simplesmente por um locus genético com dois alelos que interagem de forma mendeliana (ou seja, um alelo dominante e um recessivo). Você determinará seu próprio fenótipo para cada uma dessas características e, em seguida, coletará os dados de toda a classe.
2. Conte os estudantes em termos de sexo: masculino e feminino.

3. Peça a cada aluno para realizar corretamente todas as atividades selecionadas ou projetadas para a experiência do dia.
4. Símbolos de desenho representando todos os tipos e combinações possíveis de uma ou mais características, por exemplo (a) R-F para capacidade de enrolar e dobrar a língua; (b) R-NF para capacidade de enrolar mas incapacidade de dobrar a língua; (c) NR-F para incapacidade de enrolar mas capacidade de dobrar a língua; e (d) NR-NF para incapacidade de enrolar e dobrar a língua. (a) T para o provador de PTC e (b) t para o não provador; (a) LT para o polegar esquerdo no topo e (b) RT para o polegar direito no topo; e assim por diante.
5. Preparar uma tabela adequada para pontuar os números e analisar os resultados para verificar a ocorrência de dimorfismo sexual. Você pode usar a tabela abaixo como modelo:

	Males		Females		Total	
Character	Dominant	Recessive	Dominant	Recessive	Dominant	Recessive
Trait 1	*Y1*	*Y11*	*X1*	*X11*	*Y1+X1*	*Y1+X11*
Trait 2	*Y2*	*Y22*	*X2*	*X22*	*Y2+X2*	*Y2+X22*
Trait 3	*Y3*	*Y33*	*X3*	*X33*	*Y3+X3*	*Y3+X33*
.	.	.	.	.	.	.
.	.	.	.	.	.	.
.	.	.	.	.	.	.
Trait n	*Yn*	*Ynn*	*Xn*	*Xnn*	*Yn+Xn*	*Yn+Xnn*

Tabela 5. Distribuição da frequência de um personagem na população estudada

Cálculo da amostra: Não podemos saber a frequência do alelo dominante e devemos, portanto, calculá-la usando a equação de Hardy-Weinberg. Por exemplo, se o número de alunos com lóbulos auriculares anexados (o alelo recessivo) for 8 de 21, então sabemos que $q2 = 8/21 = 0,38$ e $q = 0,62$. Podemos então calcular p (a frequência do alelo dominante) como $1-q = 0.38$. Estes são de $p + q = 1$ ou $(p + q)^2 = p2 + 2pq + q2 = 1$. Note que em alguns casos, os alelos dominantes e seu fenótipo correspondente não são o fenótipo mais comum na população. A "dominância" alélica *não está* correlacionada com a freqüência populacional, embora este seja um equívoco comum.

6. Para o gosto de PTC, coloque um pedaço de papel PTC na parte de trás da língua. Se conseguir detectar este químico, ele terá um sabor amargo. Se o papel não tiver um sabor desagradável para você, então você é recessivo para esta característica.

Table 6. Phenotype and allele frequencies of four traits for the entire class

Characteristic	# dominant phenotype	# recessive phenotype	frequency (dominant allele)	frequency (recessive allele)
Trait 1				
Trait 2				
Trait 3				
.				
.				
.				
Trait n				

Cálculo da amostra: Não podemos saber a frequência do alelo dominante e devemos, portanto, calculá-la usando a equação de Hardy-Weinberg. Por exemplo, se o número de alunos com lóbulos auriculares anexados (o alelo recessivo) for 8 de 21, então sabemos que $q2 = 8/21 = 0,38$ e $q = 0,62$. Podemos então calcular p (a frequência do alelo dominante) como $1-q = 0,38$. Note que em alguns casos, os alelos dominantes e seu fenótipo correspondente não são o fenótipo mais comum na população. A "dominância" alélica *não está* correlacionada com a frequência da população, embora este seja um equívoco comum.

7. Faça um teste Qui-quadrado para verificar a ocorrência de dimorfismo sexual e se os valores observados ou os resultados da experiência estão seguindo as regras dos princípios Mendelianos. O teste do qui-quadrado é aplicável para essa análise de dados, uma vez que os dados foram nominais a partir de um desenho aleatório simples.

Parte II. *Equilíbrio de Hardy-Weinberg*

1. Pelo fato do ser humano ser diplóide, cada indivíduo da população será representado por um *par* de missangas. E cada conta ou moeda representa um alelo (T ou t) no "miçanga colorida" ou locus do gene da moeda mascarada.
2. Seja *p* a frequência dos alelos gustativos na população e *q* a frequência dos alelos não gustativos. Os três genótipos possíveis serão TT, Tt, e tt e atribuir a cada aluno um dos três genótipos e assumir que são a população inicial e a geração 0 (zero).
3. *Iniciar geração 0 (zero)* com uma população inicial dos alunos da classe, digamos 70 alunos, usando o dobro do número de contas (ou seja, 140). Decida as frequências iniciais dos alelos para a sua população seleccionando frequências iniciais dos alelos, *p* & *q,* entre 0,3 e 0,7.

4. Agora é possível calcular as freqüências genotípicas iniciais da população usando a equação de Hardy-Weinberg. Depois calcule quantas contas de cada cor você precisará para a população inicial (ou seja, multiplique p x 140 e q x 140).
5. Conte o número certo de contas de sabor e não gosto e coloque-as num recipiente. Registar as frequências iniciais dos genótipos e alelos na linha "Geração 0" da Tabela 6.
6. As 140 contas em seu recipiente representam o pool genético ou as freqüências dos dois tipos de gamete na Geração 0.
7. Uma vez estabelecidas as condições iniciais e assumido que você tem 70 em número, use o "acasalamento" aleatório entre os alunos para gerar gerações subsequentes (pelo menos para a geração 2), trocando suas contas ou moedas como se eles estivessem contribuindo com gametas para a geração seguinte.
8. Durante esta simulação para reprodução, 70 pares de gâmetas serão retirados deste pool genético para criar a próxima geração (diploid). Agora você precisa simular o processo de reprodução entre os 70 membros de sua população. Na vida real, cada indivíduo produziria talvez centenas ou milhares de gâmetas e acasalar várias vezes (as fêmeas humanas produzem relativamente poucos gâmetas, mas imagine que estes são de uma população).
9. Do seu contentor, seleccione aleatoriamente 2 contas. Grava o genótipo e depois devolve as 2 contas ao contentor (para que os "pais" possam reproduzir-se novamente). Repita este processo até que você tenha contado um total de 70 descendentes do acasalamento aleatório entre seus 70 indivíduos para produzir uma geração de descendentes com o mesmo tamanho populacional. Na Tabela 6, geração 1, registre os números de cada genótipo. O número de cada alelo deve ser adicionado, e a frequência de cada alelo deve ser calculada.
10. Ajuste as frequências dos alelos no contentor para reflectir o pool genético que registou para a geração 1. Para fazer isso, você precisa ajustar o número de alelos em seu recipiente para corresponder ao número de alelos que você calculou para a geração 1 na Tabela

6. Depois, repita o processo de acasalamento para produzir 70 indivíduos dos genótipos da geração 2.
11. Registar as frequências genotípicas e as frequências alélicas para cada uma destas gerações descendentes.
12. Baseado no pressuposto de que a sua população está em equilíbrio de Hardy-Weinberg determina frequências de alelos e genótipos das gerações 1 e 2.

Table 6. Genotypes and allele frequencies by generation for simulation 1: Hardy-Weinberg equilibrium

Generation	Number of:						
	Genotypes[1]			Alleles[2]		Frequencies[3]	
	TT	Tt	Tt	T	t	p	q
0							
1							
2							

Table 7. Chi-square test for Hardy-Weinberg equilibrium with no selection

Allele	Generation 0 frequency	Expected freq., generation 2	observed freq. generation 2	O-E	$\left(\frac{O-E}{E}\right)^2$
p					
q					
				$\sum\chi^2$ value	

Look up the probability for the calculated value of χ^2 in annex 5 provided at the end of the manual. You should use the $P = 0.05$ level as your critical value.

Remember:
1. *You can't tell that heads and tails are equally likely from just a few flips.*
2. *Nothing in genetics is 100%; things can and do change.*
3. *There are a number of reasons you can have a gene but not see any sign of it. One possibility is that the effects of the gene can't be seen without some sort of trigger from the environment.*

Perguntas

1. Que traços mostraram dimorfismo sexual?
2. As características dominantes ou recessivas são mais comuns no seu grupo ou classe?
3. Para que características você é dominante e para que é recessivo?
4. Descreva o que aconteceu com as freqüências genotípicas, pois a população inicial produziu gerações sucessivas. As frequências dos alelos mudaram?
5. Uma vez que haverá alguma variabilidade nos resultados quando você samplear uma população, você precisa determinar estatisticamente se os resultados que você encontrar são estatisticamente significativos. Em outras palavras, a variação que você vê nas suas amostras é o resultado de erro aleatório da amostra, ou o resultado de uma diferença real entre o que o seu modelo (H-W) o leva a prever, e a realidade?

6. O seu modelo reflecte bem a realidade? Este é o mesmo processo que você usou na Experiência #3 e outras experiências genéticas Mendilianas com diferentes populações.
7. Para determinar se algum desvio observado é significativo, você usará um teste de qui-quadrado para testar as frequências dos alelos.
8. O seu valor /2 excedeu o valor no nível p = 0,05? Se sim, ou não, o que significa isso?
9. Se a sua população simulada está em equilíbrio de Hardy-Weinberg, o que deve acontecer com as frequências dos alelos ou frequências do genótipo ao longo do tempo?
10. Quais são as condições que nos permitem dizer que uma população preencheu as condições de Hardy-Weinberg?

Capítulo 5.Bibliografia

Arcellana AES, Guzman RMS, Fontanilla IKC. (2011) Distribuição de tipos de grupos sanguíneos MN em populações locais nas Filipinas. *J. Genet.*, 90, e90-e93. Apenas online:http://www.ias.ac.in/jgenet/OnlineResources/90/e90.pdf

Baker L, Woodard CT. (2007) Biol210: Genetic and Molecular Biology laboratory manual.

https ://wwww.mtholyoke. edu/cursos/cursos/cartão de madeira/biol210/ biol210labman.html. Acessado em 05/02/2015

Carr SM, DJ da Innes. (2005) Biologia 2250: Princípios da Genética Revisada em 2008. Memorial University of Newfoundland, Canadá.

Chinnici JP, Ketcham RB. (2007) A Three-Part Laboratory Exercise Using Flightless Fruit Flies *(Drosophila melanogaster)* to Study Modes of Inheritance. *Associação para Educação Laboratorial de Biologia* (ABLE) Proceedings, **29**:127-136

Fukui K, Nakayama S. (Eds). (1996) Plant Chromosomes: Métodos laboratoriais. CRC Press.

Griffiths et al. (2002) *Modern Genetic Analysis, 2ª Edição.* Nova York, W.H. Freeman and Company. Pp 156-167.

Jones RN, Richards GK. (1991) Practical Genetics. Open University Press, Philadelphia.

Luthardt FW, Keitges E. (2001) Chromosomal Syndromes and Genetic Disease. *Encyclopedia of Life Sciences*, Nature Publishing Group. www.els.net

Odokuma EI, Eghworo O, Avwioro G. Agbedia U. (2008) Língua rolando e língua dobrando em uma população africana. *Int. J. Morphol.*, 26: 533-535.

Pulver SR, Berni J. (2012) The Fundamentals of Flying: Estratégias simples e baratas para empregar a Drosophila Genetics in Neuroscience Teaching Laboratories. *The Journal of Undergraduate Neuroscience Education* (JUNE) **11**: 139-148

Russell PJ. (2006) iGenetics: A Molecular Approach, [2nd] edn., Pearson Education Inc. (2006)

Sharma AK, Sharma A. (1965) Chromosome Techniques, Theory and Practice. *Butterworths*, Londres.

Sokoloff AJ, Diácono TW. (1992) Musculotopic organization of the hypoglossal nucleus in the cynomolgus monkey, *Macacafascicularis.J.Comp. Neurol., 324: 81-93.*

Anexos

Anexo 1. Símbolos e Classes de Perigo

Existem seis (6) principais classes de perigo do Sistema de Informação sobre Materiais Perigosos no Local de Trabalho (WHMIS), com base no tipo de perigo que representam. Estes materiais também são chamados de produtos controlados. Em geral, cada classe tem um símbolo específico para ajudar as pessoas a reconhecerem rapidamente o perigo. Entretanto, uma classe de perigo tem três (3) símbolos. Portanto, há um total de oito (8) símbolos. Mas a tabela descrita abaixo contém Símbolos de Perigo coletados de fontes diferentes do WHMIS, por exemplo, da Faculdade de Ciências da Saúde, Manual de Segurança do Laboratório da Universidade de Copenhague.

Nota: Um único material pode ter mais de um perigo, o que significa que pode caber em mais do que uma classe de perigo e ter mais do que um símbolo. Aqui, cada símbolo e classe são discutidos separadamente, mas é importante entender todos os perigos de qualquer material que você esteja usando.

The symbol represents	Examples	It means that the material…	And that you should …
A. Compressed gas	Propane Helium Acetylene Carbon dioxide Oxygen	Contents under high pressure. Cylinder may explode or burst when heated or dropped/damaged	Use well-ventilated area, handle cylinders very carefully, secure cylinders upright position
B. Flammable and combustible Material	Methane, acetone, aniline, and lithium hydride	May catch fire when exposed to heat, spark or flame. May burst into flames.	Use only in a well-ventilated area, keep containers closed, eliminate heat and ignition sources, keep your work area clear of materials that can burn
C. Oxidizing Material	Oxygen cylinders, sodium hypochlorite, chlorine gas	May cause fire or explosion when in contact with wood, fuels or other combustible material.	Use only in a well-ventilated area, keep containers closed and your work area clean, use only the smallest amount of material necessary for the job, eliminate heat and ignition sources
D. Division 1	Arsenic, Barium, Cadmium, Cyanide, CO, Ammonia,	Poisonous substance. A single exposure may be fatal or cause serious or	Use only in a well-ventilated area, keep containers closed and work area clean, avoid all unprotected contact with these materials, keep these materials away from where

Class	Examples	Effects	Precautions
Poisonous and Infectious Material	Chlorine	permanent damage to health	you eat or drink. Wear gloves and eye protection, mask over mouth and nose or handle the chemical in a fume cupboard
D. Division 2 - Materials Causing Other Toxic Effects	Asbestos Lead Carbon tetrachloride Acetone	Poisonous substance. May cause irritation. Repeated exposure may cause cancer, birth defects, or other permanent damage.	Use only in a well-ventilated area, keep containers closed and your work area clean, avoid all unprotected contact with these materials, keep these materials away from where you eat or drink.
D. Division 3 Poisonous and Infectious Material: Biohazardous infectious materials	*E. coli* (e.g. in raw or undercooked meat) HIV virus (in different body fluids) Hepatitis B (in blood or blood products)	May cause disease or serious illness. Drastic exposures may result in death.	Avoid contact with these materials, assume that any blood or body fluid is infectious, be extra cautious when handling sharp objects to avoid punctures, cover existing cuts with bandages and wear protective gloves, wash hands any time you work with these materials or potentially infected items, keep your hands away from your eyes, nose or mouth, and sanitize contaminated work areas.
E. Corrosive materials	Sulfuric, Nitric, Perchloric, Hydrofluoric Acetic, citric, formic and, oxalic acids Ammonia, hydroxides	Can cause burns to eyes, skin or respiratory system	Use only in a well-ventilated area, keep containers closed and your work area clean, use only the smallest amount of material necessary for the job, wear protective equipment, avoid all unprotected contact with these materials, use corrosion-resistant containers, tools and equipment.
F. Dangerously Reactive Material	Ethyl acrylate Vinyl chloride Benzoyl peroxide	May react violently, causing explosion, fire or release of toxic gases when exposed to light, heat, vibration or	Very specialized training is required to work safely with these materials

Symbol		Hazard	Precautions
		extreme temperatures.	
 Carcinogenic, mutagen, harmful to reproduction		May cause serious and prolonged health effects on short or long term exposure.	Do not swallow the material, allow it to come into contact with skin or breathe it
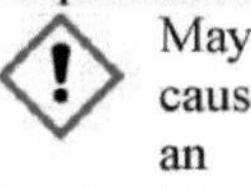 May cause an allergic skin reaction or less serious toxicity		May damage the ozone layer.	Keep away from skin and eyes; Avoid release to the environment
 Explosive	Self-reactive Explosives Organic peroxides	May explode if exposed to fire, heat, shock, friction	Avoid ignition sources (sparks, flames, heat); Keep your distance; and Wear protective clothing Avoid release to the environment
Toxic to the aquatic life with long- lasting effects			
General Safety Awareness		This symbol is placed when none of the other symbols appears. In this case, follow the specific instructions provided.	
 Radioactive Materials		This symbol appears when substances used could stain or burn clothing and may cause nipple glow	

Annex 2. Other Safety Symbols

Safety Symbols

These symbols warn of possible dangers in the laboratory and remind you to work carefully.

 **Safety Goggles** Wear safety goggles to protect your eyes in any activity involving chemicals, flames or heating, or glassware.

 **Lab Apron** Wear a laboratory apron to protect your skin and clothing from damage.

 **Breakage** Handle breakable materials, such as glassware, with care. Do not touch broken glassware.

 **Heat-Resistant Gloves** Use an oven mitt or other hand protection when handling hot materials such as hot plates or hot glassware.

 **Plastic Gloves** Wear disposable plastic gloves when working with harmful chemicals and organisms. Keep your hands away from your face, and dispose of the gloves according to your teacher's instructions.

 **Heating** Use a clamp or tongs to pick up hot glassware. Do not touch hot objects with your bare hands.

 **Flames** Before you work with flames, tie back loose hair and clothing. Follow instructions from your teacher about lighting and extinguishing flames.

 **No Flames** When using flammable materials, make sure there are no flames, sparks, or other exposed heat sources present.

 **Corrosive Chemical** Avoid getting acid or other corrosive chemicals on your skin or clothing or in your eyes. Do not inhale the vapors. Wash your hands after the activity.

 **Poison** Do not let any poisonous chemical come into contact with your skin, and do not inhale its vapors. Wash your hands when you are finished with the activity.

 **Fumes** Work in a ventilated area when harmful vapors may be involved. Avoid inhaling vapors directly. Only test an odor when directed to do so by your teacher, and use a wafting motion to direct the vapor toward your nose.

 **Sharp Object** Scissors, scalpels, knives, needles, pins, and tacks can cut your skin. Always direct a sharp edge or point away from yourself and others.

 **Animal Safety** Treat live or preserved animals or animal parts with care to avoid harming the animals or yourself. Wash your hands when you are finished with the activity.

 **Plant Safety** Handle plants only as directed by your teacher. If you are allergic to certain plants, tell your teacher; do not do an activity involving those plants. Avoid touching harmful plants such as poison ivy. Wash your hands when you are finished with the activity.

 **Electric Shock** To avoid electric shock, never use electrical equipment around water, or when the equipment is wet or your hands are wet. Be sure cords are untangled and cannot trip anyone. Unplug equipment not in use.

 **Physical Safety** When an experiment involves physical activity, avoid injuring yourself or others. Alert your teacher if there is any reason you should not participate.

 **Disposal** Dispose of chemicals and other laboratory materials safely. Follow the instructions from your teacher.

 **Hand Washing** Wash your hands thoroughly when finished with the activity. Use antibacterial soap and warm water. Rinse well.

 **General Safety Awareness** When this symbol appears, follow the instructions provided. When you are asked to develop your own procedure in a lab, have your teacher approve your plan before you go further.

Anexo 3. Contrato de Segurança

<u>Safety Contract</u>

I, ____, have read the **Safety Rules** stated in the ***Biology Laboratory Safety Manual*** and in ***Principles of Genetics Laboratory Manual.*** I understand their contents completely, and agree to follow all the safety rules and guidelines that have been established in each of the following areas:

(Please check or mark the safety rule you read)

☐ Dress Code   ☐ Using Glassware Safety

☐ General Safety Rule   ☐ Using Sharp Instruments

☐ First Aid   ☐ Handling Living Organisms

☐ Heating and Fire Safety   ☐ End-of-Investigation Rules

☐ Using Chemicals Safety   ☐ _______________________

☐ Academic Rules   ☐ _______________________

Name ____

Year _______________   **Section** _______________

Subject ____

Signature _________________________ **Date** _________________

Anexo 4. Tabela de Distribuição Qui-Quadrada

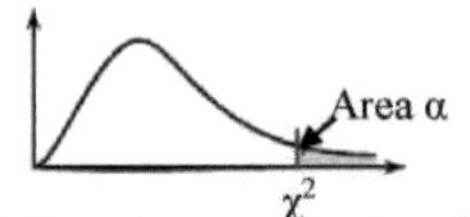

The shaded area is equal to α for $x^2 = x_\alpha^2$.

Degrees of freedom	α									
	0.995	0.99	0.975	0.95	0.90	0.10	0.05	0.025	0.01	0.005
1	—	—	0.001	0.004	0.016	2.706	3.841	5.024	6.635	7.879
2	0.010	0.020	0.051	0.103	0.211	4.605	5.991	7.378	9.210	10.597
3	0.072	0.115	0.216	0.352	0.584	6.251	7.815	9.348	11.345	12.838
4	0.207	0.297	0.484	0.711	1.064	7.779	9.488	11.143	13.277	14.860
5	0.412	0.554	0.831	1.145	1.610	9.236	11.071	12.833	15.086	16.750
6	0.676	0.872	1.237	1.635	2.204	10.645	12.592	14.449	16.812	18.548
7	0.989	1.239	1.690	2.167	2.833	12.017	14.067	16.013	18.475	20.278
8	1.344	1.646	2.180	2.733	3.490	13.362	15.507	17.535	20.090	21.955
9	1.735	2.088	2.700	3.325	4.168	14.684	16.919	19.023	21.666	23.589
10	2.156	2.558	3.247	3.940	4.865	15.987	18.307	20.483	23.209	25.188
11	2.603	3.053	3.816	4.575	5.578	17.275	19.675	21.920	24.725	26.757
12	3.074	3.571	4.404	5.226	6.304	18.549	21.026	23.337	26.217	28.299
13	3.565	4.107	5.009	5.892	7.042	19.812	22.362	24.736	27.688	29.819
14	4.075	4.660	5.629	6.571	7.790	21.064	23.685	26.119	29.141	31.319
15	4.601	5.229	6.262	7.261	8.547	22.307	24.996	27.488	30.578	32.801
16	5.142	5.812	6.908	7.962	9.312	23.542	26.296	28.845	32.000	34.267
17	5.697	6.408	7.564	8.672	10.085	24.769	27.587	30.191	33.409	35.718
18	6.265	7.015	8.231	9.390	10.865	25.989	28.869	31.526	34.805	37.156
19	6.844	7.633	8.907	10.117	11.651	27.204	30.144	32.852	36.191	38.582
20	7.434	8.260	9.591	10.851	12.443	28.412	31.410	34.170	37.566	39.997
21	8.034	8.897	10.283	11.591	13.240	29.615	32.671	35.479	38.932	41.401
22	8.643	9.542	10.982	12.338	14.042	30.813	33.924	36.781	40.289	42.796
23	9.262	10.196	11.689	13.091	14.848	32.007	35.172	38.076	41.638	44.181
24	9.886	10.856	12.401	13.848	15.659	33.196	36.415	39.364	42.980	45.559
25	10.520	11.524	13.120	14.611	16.473	34.382	37.652	40.646	44.314	46.928
26	11.160	12.198	13.844	15.379	17.292	35.563	38.885	41.923	45.642	48.290
27	11.808	12.879	14.573	16.151	18.114	36.741	40.113	43.194	46.963	49.645
28	12.461	13.565	15.308	16.928	18.939	37.916	41.337	44.461	48.278	50.993
29	13.121	14.257	16.047	17.708	19.768	39.087	42.557	45.722	49.588	52.336
30	13.787	14.954	16.791	18.493	20.599	40.256	43.773	46.979	50.892	53.672
40	20.707	22.164	24.433	26.509	29.051	51.805	55.758	59.342	63.691	66.766
50	27.991	29.707	32.357	34.764	37.689	63.167	67.505	71.420	76.154	79.490
60	35.534	37.485	40.482	43.188	46.459	74.397	79.082	83.298	88.379	91.952
70	43.275	45.442	48.758	51.739	55.329	85.527	90.531	95.023	100.425	104.215
80	51.172	53.540	57.153	60.391	64.278	96.578	101.879	106.629	112.329	116.321
90	59.196	61.754	65.647	69.126	73.291	107.565	113.145	118.136	124.116	128.299
100	67.328	70.065	74.222	77.929	82.358	118.498	124.342	129.561	135.807	140.169

Source: Donald B. Owen, *Handbook of Statistics Tables*, The Chi-Square Distribution Table, © 1962 by Addison-Wesley Publishing Company, Inc. Copyright renewal © 1990. Reprinted by permission of Pearson Education, Inc.

Anexo 5. Tabela de distribuição mundial do tipo de sangue ABO por grupos de pessoas

People	O	A	B	AB	People	O	A	B	AB
Aborigines	61	39	0	0	Abyssinians	43	27	25	5
Ainu (Japan)	17	32	32	18	Albanians	38	43	13	6
Arabs	34	31	29	6	Americans	31	49	14	6
Austrians	36	44	13	6	Bantus	46	30	19	5
Brazilians	47	41	9	3	Belgians	47	42	8	3
Chinese-Peking	29	27	32	13	Bororo	100	0	0	0
Chinese-Canton	46	23	25	6	Bulgarians	32	44	15	8
Egyptians	33	36	24	8	Bushman	56	34	9	2
Latvians	32	37	24	7	Czechs	30	44	18	9
Estonians	34	36	23	8	Dutch	45	43	9	3
Eskimos-Alaska	38	44	13	5	English	47	42	9	3
Eskimos-Grnlnd.	54	39	5	2					

Todos os números são de 100% para essas pessoas. (Uma contribuição para a Antropologia Física e Genética Populacional da Suécia por Lars Beckman, (Lund, Suécia, 1959, p.21)".

Anexo 6. Sindromes de cromossomos humanos anormais de cariótipos
Tabela 1. Características clínicas de pacientes com cromossomo autossômico comum ou cromossomo sexual

Syndrome	Karyotype	Main clinical features
Down	Trisomy 21	Short, broad hands with single palmar crease, decreased muscle tone, mental retardation, broad head with characteristic features, open mouth with large tongue, up-slanting eyes
Edwards	Trisomy 18	Multiple congenital malformations of many organs, low-set malformed ears, receding mandible, small eyes, mouth and nose with general elfin appearance, severe mental deficiency, congenital heart defects, horseshoe or double kidney, short sternum, posterior heel prominence
Patau	Trisomy 13	Severe mental deficiency, small eyes, cleft lip and/or palate, extra fingers and toes, cardiac anomalies, midline brain anomalies, genitourinary abnormalities
Turner	45, (0X)	Female with retarded sexual development, usually sterile, short stature, webbing of skin in neck region, cardiovascular abnormalities, hearing impairment, normal intelligence
Klinefelter	47, (XXY)	Male, infertile with small testes, may have some breast development, tall, mild mental deficiency, long limbs, at risk for educational problems
Triple X	47, (XXX)	Female with normal genitalia and fertility, at risk for educational and emotional problems, early menopause
XXY	47, (XYY)	Tall male with normal physical/sexual development, normal intelligence, increased tendency for behavioural and psychological problems

Tabela 2. Eliminações autossômicas comuns

Syndrome	Chromosome region deletion	Main clinical features
Wolf–Hirschhorn	4p16.3	Severe growth retardation, midline facial defects, mental retardation, small head, prominent frontal bone between eyebrows, cleft lip/palate, cardiac defects, wide-spaced eyes, broad nasal bridge
Cri du chat	5p15.2	High-pitched cry, wide-spaced eyes, small chin, small head, round face, severe psychomotor and mental retardation
Langer–Giedion	8q24.11-q24.13	Small head, mental retardation, sparse hair, bulbous nose, short stature, multiple cartilaginous growths on bone surfaces

Table 3. Autosomal microdeletion syndromes

Syndrome	Chromosome region	Main clinical features
Williams	7q11.23	Cardiac anomalies, mental retardation, characteristic faces, growth retardation, gregarious disposition, connective-tissue problems
WAGR	11p13	Kidney tumour, absence of iris, genital abnormalities, growth retardation
Prader–Willi	15q11.2	Developmental delay, mental retardation, decreased muscle tone, obesity, small genitals, excessive appetite, hypopigmentation
Angelman	15q11.2	Developmental delay, mental retardation, unstable gait, absence of speech, hyperactivity, spontaneous laughter, hypopigmentation
Miller–Dieker	17p13.3	Smooth brain, small head, small chin, growth failure, cardiac abnormalities
Smith–Magenis	17p11.2	Flat midface, wide head, broad nasal bridge, short fingers and toes, mental retardation, hyperactivity, short stature, characteristic behavioural problems
Alagille	20p11.23-p12.2	Chronic bile flow suppression, dysmorphic facies, ring-like corneal opacity, vertebral arch defects, narrowing of heart opening
Catch22	22q11.2	Cardiac defects, abnormal facies, underdeveloped thymus, cleft palate, decreased calcium in blood
DiGeorge	22q11.2	Underdeveloped thymus and parathyroid glands, facial abnormalities, cardiac defects
Velocardiofacial	22q11.2	Cleft palate, abnormal nose, developmental delay, cardiac abnormalities

Tabela 4. Sindromes de duplicação autossomal

Syndrome	Chromosome region duplicated	Main clinical feature
Beckwith–Wiedemann	11p15.5	Large tongue, tissue and organ overgrowth, mild mental retardation
Charcot–Marie–Tooth disease type 1A	17p11.2-p12	Decreased reflexes, progressive distal muscular wasting, decreased muscle tone, sensory neuropathy
Cat-eye	22pter-q11.2	Eye defects, absence of anal opening, skin tags in front of ears, characteristic faces, renal, skeletal and genital anomalies, mental retardation

More
Books!

OMNIScriptum

MIX
Papier aus verantwortungsvollen Quellen
Paper from responsible sources
FSC® C105338

Printed by Books on Demand GmbH, Norderstedt / Germany